U0192638

园林设计与园林绿化施工管理探究

主编 侯瑞蓉 田晓鸽 徐琳琳

东北林业大学出版社
Northeast Forestry University Press
·哈尔滨·

图书在版编目（CIP）数据

园林设计与园林绿化施工管理探究 ／ 侯瑞蓉，田晓鸽，徐琳琳主编. — 哈尔滨：东北林业大学出版社，2023.6

ISBN 978-7-5674-3165-2

Ⅰ．①园… Ⅱ．①侯… ②田… ③徐… Ⅲ．①园林设计－研究②园林－绿化－工程施工－施工管理－研究

Ⅳ．①TU986

中国国家版本馆 CIP 数据核字（2023）第 098877 号

责任编辑：刘雪威

封面设计：文　亮

出版发行：东北林业大学出版社

　　　　　（哈尔滨市香坊区哈平六道街 6 号　邮编：150040）

印　　装：河北创联印刷有限公司

开　　本：710 mm×1000 mm　　1/16

印　　张：16.25

字　　数：246 千字

版　　次：2023 年 6 月第 1 版

印　　次：2023 年 6 月第 1 次印刷

书　　号：ISBN 978-7-5674-3165-2

定　　价：68.00 元

编 委 会

主 编

侯瑞蓉　渭南市园林绿化处

田晓鸽　石河子市园林研究所

徐琳琳　平阴县环卫绿化管护中心

副主编

王　华　河南省工人文化宫

许　峰　河南省安阳市易园管理站

袁丽娟　安阳市道路路绿化管理站

张　珺　北京市朝阳区庆丰公园

（以上副主编排序以姓氏首字母为序）

前　　言

园林设计是一门古老的学科，但是它自身又具有极强的时代感，其中的园林、风景、景观是相互配合的三种主要因素。从传统的园林到现代园林设计，设计的主要对象以及价值观、实践尺度等都发生了改变，但是园林设计的实质没有改变，即通过设计使各种景物协调共存。

随着人们对环境保护、环境改善觉悟的提高，城市建设进入生态环境建设阶段，园林绿化行业逐渐成为热门行业，绿化事业呈现出前所未有的蓬勃之势。近年来，各地都加大了城市园林绿化建设投入，纷纷提出创建园林城市，有效地改善了城市面貌、城市环境和投资环境，进一步提高了城市品位。

做好园林绿化建设是城市建设的需要、市民的需求，园林绿化工程的质量问题因而显得尤为重要，通过园林绿化工程招投标市场选择优秀施工企业队伍是一种很好的做法。对于园林绿化工程施工企业来说，把园林绿化工程质量管理放在头等重要的位置是当务之急。

本书主要讲述了园林设计及园林绿化施工管理。由于作者水平有限，加之时间仓促，书中难免存在不足之处，敬请读者批评指正。

作者
2023 年 3 月

目 录

第一章 现代园林设计绪论

第一节 现代园林设计含义

园林设计是一种时代文化语境，时间和空间的变换使其成为承载时代历史与文化的景观。

现代园林设计在继承和发展传统的基础上更加突出现代审美及现代技术与材质表现的空间设计，开阔了视野，更加注重对现代和未来园林空间设计的思考与探索。约翰·奥姆斯比·西蒙兹（John Ormsbee Simonds）曾经说过："景观，并非仅仅意味着一种可见的景观，它更是包含了从人、人所赖以生存的社会及自然那里获得多种特点的空间；同时，还能够提高环境品质并成为未来发展所需要的生态资源。"该观点表达了现代园林景观设计的内在特点，即不断地协调人、社会与自然三者之间的关系，营造宜人的生活环境。社会的不断发展和科技的不断进步使人们的生存理念、行为方式不断改变，现代园林设计的内容也随之不断扩展，其表现形式和意义也更加多元和宽泛，它不仅仅局限于游憩的功能空间，同时也具有消除人们身体的疲倦、滋养和改善人们心境的作用，更具有保护和改善现代自然生态环境的功效。

现代园林设计强调尊重自然与生态、尊重人性与成长、尊重文化与发展，注重生活、科技、文化的交融，并使其成为现代园林设计的源泉。现代园林设计将空间意境、行为规范、自然生态及人文精神等有机结合起来，以提升土地空间的综合使用价值与社会效率，也可以持续的方式方法来促进人居环境的健康发展。

传统意义上的园林及公园、游园、花园、游憩绿化带及各种城市绿地等，甚至城市郊区的游憩区、森林公园、风景名胜区、天然保护区、国家公园等风景游览区和休养胜地等都可以被称作园林。这与欧美各国对园林观念的理解非常接近，欧美一般将园林称为 garden、park、landscape，即花园、公园、景观等。然而在实际意义上，它们所包含的内容并不是完全一样的。

从古典园林这个狭义的角度来看，园林是在一定的地段范围内，依据一定的传统理念，利用和改造自然山水地貌或人工开辟山水地貌，结合传统建筑的功能与造型，安置艺术小品和配置动植物，从而构成理想的、以观念和视觉景观相结合的，且以天人合一为最高审美境界的游憩、居住空间环境。

从近现代园林发展的视角看，广义的园林是包括各类公园、城镇绿地系统、自然保护区在内的，集自然风景与人文艺术于一体的，且能为社会公众提供休养生息、舒适、快乐、文明、健康的游憩娱乐环境。

提到"园林"，学习室外环境设计的同学就不能不想起"景观"这个词，那么，这两者究竟是什么关系呢？刘滨谊先生曾在《现代景观规划设计》一书的开篇中提到，"景观最基本、最实质的内容还是没有离开园林的核心，追根溯源，园林在先，景观在后"。书中还指出了一条简单的来龙去脉，即圃—囿—园—林，这可以让读者在区别两者之前，对其发展过程有一个了解。园林设计的发展始终是伴随着时代展开的，现代设计使园林设计的规模和范畴越来越广泛，在不同区域、不同文脉、不同风格因素的影响下，诸多因素合并之后产生的园林范畴，都可以称为景观。总之，这两个词语之间的区别是可以见仁见智的，其本质基本是相同的。现代园林设计的形成是一个不断演进的过程。随着我们对园林知识的不断积累和理解的多样化，我们会对其广义、狭义有更加深刻的理解和拓展，也会有自己独立的思考与判断，经过不断的消化然后择优而从。

现代园林设计涉及面非常广泛，融汇了多门跨学科的知识，如今面对的设计领域和内容也非常广泛，小到街头绿地、商业中心花园，大到风景区规划、城市景观规划，从土地规划到人文环境规划，都成为现代园林设计的范畴。

第二节　现代园林与传统园林的异同

现代园林设计思潮源于欧洲，兴于美洲。现代园林设计思潮在形成与发展的不同阶段，逐渐脱离了传统园林设计思想的桎梏。18 世纪英国的"如画的园林"建立在对自然环境模拟理念的基础上，体现出那个时期人们思想中对自然的尊重；19 世纪后期，设计师的视野已经逐渐跳出对传统园林设计的小范围研究，而逐渐扩展到城市范畴；19 世纪末 20 世纪初的现代艺术和"新艺术运动"也拓展了园林设计师的审美；在现代主义思潮的影响下，现代园林设计的发展也呈现出更新语境的空间意境和形态。这些不同的社会思潮和艺术运动都极大地扩展了现代园林设计的内涵与外延，使其延伸和发展到更加广阔的空间；同时，现代园林体现出的特点也与传统园林有明显的区别。

一、功能定位

传统园林按照不同的地域可以简单地分为东方园林和西方园林，当然还可以更具体地划分为中国园林、日本园林、法国园林、英国园林、意大利园林等不同的类别，但这些传统园林具备一个共同特点，即功能定位都属于观赏型园林。这些传统园林在当时所面向的服务对象大多是不同时代中上层社会的少数权贵、贵族人群。在目标群体确定的情况下，传统园林在设计时的功能定位就比较单一，只是根据其日常生活的需求进行设计，而功能需求相对单一、局限从侧面反映出了等级社会的一些特点。

随着社会生产力水平的不断提升，便捷的生活方式让人们在日常生活中有了多种多样的生理和心理方面的需求。在园林设计方面，随着现代主义理念的深入人心，园林设计在具备观赏性特点的同时，又具备了更多元化的元素。这就使园林设计需要从环境心理学、空间行为学等多方面来分析、研究人群的活动行为特点，以确定园林空间尺度，设计出合理的空间布局。从形式的角度来看，现代社会的发展对人们审美观念的改变也起到了重要推动作用。在现代生活中，不同人群具有的行为习惯和对环境的需求存在着多样性的特点，这些行为趋势影响着园林设计活动空间布局与细节景观设计。总而言之，现代园林设计对场地功能、空间分布的要求已经不同于传统园林相对单一的要求。延伸到园林空间中，现代园林开放性、流动性的不同空间类型丰富了传统园林空间模式。现代园林设计中城市广场、公园、附属绿地、道路绿化等多种不同的绿地属性，本质上是功能定位的不同而产生的最终空间形态。

二、设计理念

在东西方传统园林中，我们不难发现其设计理念的核心都是围绕"自然"展开的。例如，中国传统园林模仿自然山水"意境美"，追求"虽由人作，宛自天开"；日本枯山水景观注重抽象写意；英国传统园林追求天然景色。虽然不同地域的传统园林在艺术处理、园林侧重点的设计方面各有千秋，但围绕"自然"展开的设计理念却并无根本差别。

现代园林与传统园林在设计理念方面存在多种不同，有两个显著的差别：一是生态理念的融入，二是动态、可持续发展理念的产生。

20世纪初，英国学者最早提出景观是由许多复杂要素相联系的综合性系统，其中任一构成要素的变动都会对其他组成部分产生影响，这个时期就隐约提到了景观生态系统。1969年，麦克哈格在《设计结合自然》一书中明确提出了综合性的生态规划思想。生态学观念的传播对景观设计理念产生了深远的影响，使得景观设计在改造客观世界时，尽可能避免对生态环境产生破坏，而提升人与自然环境的关系。生态观念首先强调的是园林设计与其他相关学科的紧密联系，在生态学理念的前提下进行园林的综合设计，园林设计不再是孤立的、单一的、局部的景观要素的简单组合。这种生态学指导下的设计理念能解决人与环境、审美、功能等多方面的问题。这种生态学指导下的园林设计理念区别于传统园林设计单一追求"自然"审美的理念，建立了多层次、多结构、多功能的环境秩序，使人对环境的影响降到最低限度，基本形成生态、功能、审美三位一体的设计思路。

将生态学原理、生态美学等观念引入园林设计中，就使园林营造不再仅仅以审美为唯一目的，而形成人与环境和谐相处的空间。在此基础上，可持续发展设计理念逐渐融入景观设计领域，其重点是对现有资源的优化利用、合理使用，最大限度地发挥自然生态环境在园林中的作用。动态的、可持续发展的园林设计理念，并非只强调园林景观随季节变化产生的精致变化，更重要的是强调园林设计动态改善生态环境的过程。例如，爱丁堡雨水花园是为了给公园中的树木提供水分而建立的，同时也起到了装饰性的作用，给人提供了放松休闲的场所。这个雨水花园有效地解决了干旱难题。经过设计，整个雨水花园每年将吸收 16 000 kg 的固体悬浮颗粒物，通过植物生长吸收 160 kg 的营养盐、氮等，减少垃圾产量，同时每年为公园提供所需灌溉水的 60%（来源于地下存水的过滤水）。该项目并非单一的公园设计，而是基于生态可持续理念的绿地设计。

三、现代艺术思潮

园林设计是一个开放的学科，其伴随着 20 世纪以来的科学技术进步与社会经济发展，逐渐融合、吸收了其他学科的设计思想和方法，经过不断完善，最终形成了现代园林设计。

第一阶段，19 世纪末期，欧洲一些国家的设计者就传统园林的形式展开了广泛的讨论，想要创造出新的园林形态，并通过相关的理论著作进行了广泛的交流，提出了自己主张。与此同时，美国受到自然主义运动的影响，也逐渐产生了自己独特的造园风格。这一时期的园林发展持续了大约一个世纪。到 19 世纪末 20 世纪初，现代园林设计理论和方法逐渐形成，并进行了相应的实际项目探索，取得了一定的成绩。这一时期的现代艺术和"新艺术运动"促进了园林设计的发展。

第二阶段，现代主义发展时期对园林设计产生了重要影响，特别是在第二次世界大战后的恢复建设时期，众多的设计项目为现代园林设计发展提供了宝贵的实践机会。现代主义风格注重建筑功能，对景观设计产生影响，景观设计发生了重要变化。现代景观设计开始注重园林空间的形式语言，舍弃了传统园林中对称、轴线布局等视同核心的体系，现代景观设计基于技术、环境与人关系的分析，注重空间体验。这一时期的新艺术思潮也对景观设计的发展产生了重要影响，立体主义为现代景观设计的形式元素提供了基础性研究内容，丰富了现代景观设计的形式语言。此外，抽象艺术、超现实主义的形式语言也被一些景观设计师应用到实际设计案例中，结合现代、简约、流动的平面设计，营造了功能丰富的园林空间。

第三阶段，生态主义与大地景观。经过十几年的快速发展，城市扩张速度加快，与之伴随的是城市环境迅速恶化，人们的生活环境变得越来越恶劣。基于这种现状，人们对自然的态度也产生了相应变化。自然生态问题也逐渐受到重视。现代景观设计思想在逐渐建立起对空间、功能关注的同时，结合科学、生态、可持续的设计理念也得以前进。大地景观思潮起源于艺术家反人工、反易变的艺术形式。这些艺术家企图摆脱艺术中的商业性，而利用自然界元素创作出一种大地艺术。大地艺术的发展超越了艺术品范畴，逐渐影响到景观设计，融合空间、场所与环境属性之后，逐渐转变为现代景观设计的重要思潮之一。

第三节　东西方园林

一、中国园林

中国园林艺术有着悠久的历史，历史上曾出现过很多名园，至今依旧保持良好传统风貌的园林很多。中国园林在造园理论与技术上都达到了极高的水平。纵观中国园林的发展历史，明清两代是中国造园艺术较成熟的阶段。明朝末年计成编写的中国第一本园林艺术理论专著《园冶》至今依然是园林设计的经典。

"虽由人作，宛自天开"是中国造园艺术的原则和特点之一，它强调保留山水的自然形态，让精心的人工设计不露一点人工的痕迹，使人与自然处于相亲相融的关系之中。这与中国传统的"天人合一"的哲学思想是一致的，它体现在中国历代各种不同类型的园林设计之中。

1. 皇家园林

中国历史上明清时期为造园的鼎盛时期，遗存的皇家园林的代表作有颐和园、承德避暑山庄等。明清皇家园林保留了汉代以来的一池三山的传统格局，同时也吸收了江南私家园林的"林泉抱素之怀"的理念。清代皇家园林将全国各地的名胜古迹置于园中，特别是江南的风光与名胜。乾隆皇帝曾六下江南，这对皇家园林的设计影响很大，江南一带的优美风景也为清代造园提供了创作蓝本。

传统文化对皇家园林的影响。我国儒、释、道文化都对皇家园林的设计产生了深远的影响，其中"天人合一、道法自然"的道家设计思想成为中国古典园林创作所遵循的一条准则。在这种思想的指导下，人们充分利用自然、模拟自然，把人工美和自然美有机地结合起来，追求与自然环境的和谐共生，创造出独具特点的中国皇家园林。

皇家园林的主要特征有如下几点。

一是规模宏大、气势磅礴。皇家园林占地面积广阔，要素有真山真水。明清时期都注重建设各类御园，如清朝时期的承德避暑山庄，突出地体现了皇家园林的特点。承德避暑山庄分宫殿区、湖泊区、平原区、山峦区四大部分，整体布局巧用地形。因山就势，分区明确，景色丰富。明清时期大型人工山水园林采用了化整为零、化零为整的"集锦式"规划方法，即大园含小园，园中又有园，圆明园便是如此。

二是建筑风格多样。皇家园林偏重于建造宫苑，并且很重视建筑基址的选择，创建能够投身大自然怀抱的天人和谐的人居环境；在园林中突出建筑的造景作用，既有传统中式建筑，又有吸收西方古典风格元素的建筑，如颐和园的石坊；多通过建筑的外观及大片建筑群的宏观景象来突出皇家园林的气派景象，如颐和园的佛香阁。

2. 私家园林

私家园林主要是指官僚、地主、富商为满足生活或文人墨客为逃避现实而建造的私人园区。由于受建造者经济能力和封建礼法的限制，一般私家园林规模都不是很大，但要体现大自然的山水景致，还需要反映典型自然世界的概况，由此产生造园艺术的写意创作方法。

传统文化对私家园林的影响。私家园林的特征是诗情画意、曲径通幽、秀美动人、布局自由。小桥流水、翠竹叠石，从不以非常直白的手法表现周围的环境，这种环境包含着中国传统文化和传统审美思想特征。以苏州园林为例，受传统文化的长期浸染，其园林设计表现的文化底蕴极其深厚，其中受道家"天人合一"思想影响最为深刻。

私家园林的主要特征有如下几点。

一是规模较小。一般私家园林不像皇家园林那样气势雄魄、规模宏大，因此不能以真山真水去造园景，而是利用假山叠石来代表自然界中的山石和山丘。江南园林用于假山石料的品种很多，以太湖石和黄石两大类石料为主。石料的用量很大，大型假山石多于土，小型假山几乎全部叠石形成。假山叠石能够仿真山之脉络气势，做出峰峦丘壑、洞府峭壁、曲岸石矶，或仿真山之一角创为平岗小坂，或作为空间之屏障，或散置，或倚墙面筑为壁山，等等，手法多样，技艺高超。造园者的主要构思是"小中见大"，即在有限的范围内运用含蓄、扬抑、曲折、隐喻、暗示等手法来启示人的思想，造成一种似乎深邃不尽的意境，以扩大人们对于实际空间的感受。

二是花草树木趣味横生。中国园林的树木栽植能起到绿化的作用，更重要的是具有诗情画意。园林中的花草多为人工栽植与养育。江南因气候温和湿润，花木生长茂盛，园林植物以落叶植物为主，配合若干常绿树，再辅以藤萝、竹、芭蕉、草花等构成植物配置的基调，能够充分利用花木的生长构成不同的季相景观。花木往往是观赏的主题，园林建筑也常以周围花木命名，还讲究树木孤植和丛植的画意经营，尤其注重古树名木的保护和利用。

三是以小见大，曲折幽深。园林艺术的关键在于"曷"。为了求得景的万变、意境的幽深，中国私家园林在布局中极尽蜿蜒曲折之能事，无论是哪种借景手法都追求"曲"，使景致越藏越深。"大中见小，小中见大，虚中有实，实中有虚，或藏或露，或深或浅，仅在周回曲折四字也"（沈复《浮生六记》），讲的正是这个道理。

3.寺观园林

寺观园林在我国主要指佛寺和道观的附属园林，其范围包括寺观的外围环境和内部庭院两部分。在寺观园林中，宗教文化和园林艺术合二为一。

目前，我国传统寺观园林按照选址可以分为两种类型：山林式寺观园林和城市寺观园林。山林式寺观园林是指位于自然山水景区的寺院与其周围风景区有机结合所形成的宗教建筑与园林环境一体化的风景式园林；城市寺观园林是指位于城市内或郊外单独构造的园子，包括寺院中的庭院绿化和寺院附设的单独园子。

寺观园林的特征主要有以下两点。

一是布局灵活多变。在选址上，宫苑多限于京都城郊，私家园林多临于宅第近旁，而寺观园林则可以散布在广阔的区域，使寺庙有条件挑选自然环境优越的名山胜地。"僧占名山"成为中国佛教史上带有规律性的现象。特殊的地理景观是多数寺观园林所具有的突出优势，不同特色的风景地貌，给寺观园林提供了不同特征的构景素材和环境意蕴。

二是丰富的历史和文化内涵。寺观园林大多保留着珍贵的宗教文物和艺术品，具有很高的欣赏价值。一些著名的大型园林往往经历若干世纪的不断扩大规模、美化景观，积累着古迹，题刻下历代文人或名僧的吟诵、品评。自然景观与人文景观相互交织，使寺观园林体现出极大的历史和文化价值。

二、法国园林

1. 法国古典园林的发展

在文艺复兴运动之前，法国园林只存在于寺院及庄园里面，有高墙及壕沟围绕，是以果园、菜园为主的实用性庭院。庭院形式简单，利用十字形园路或水渠将园地分成四块，中心布置水池、喷泉或雕像，非常重视修剪技术。园中设置覆盖葡萄等攀缘植物的花架、绿廊、凉亭、栅栏、墙垣等。

随着文艺复兴运动的发展和影响的扩散，法国园林也逐渐受到影响。查理八世被意大利的文化艺术品，尤其是那些精美的府邸花园所折服，带回了很多意大利的花园工匠，这为法国文艺复兴园林的发展奠定了基础。

16 世纪初，法国园林受到意大利文艺复兴时期园林风格的影响，出现了台地式花园、剪树植坛、岩洞、果盘式喷泉等。法国的造园师结合自身的条件，利用平坦的地形，又创造出具有自己特点的园林设计，其规模也更加宏大和华丽。其在园林理水技巧上多用平静的水池、水渠，很少用瀑布、落水；在剪树植坛方面逐步大量应用花卉，这使法国园林发展成为绣花式花坛。

17 世纪上半叶，在君权专制的统治下，法国古典主义造园艺术成为皇家御用文化。古典主义文化体现理性主义，一切文学艺术都以歌颂君主为中心任务，要求任何事物都应理性排序，因此园林地形和布局的多样性，花草树木的品类、形状和颜色的多样性，都应该井然有序，布置得均衡匀称，并且彼此协调配合。古典主义主张把园林当成整幅构图，直线和方角是基本形式，都要服从比例要求。花园里除植坛上很矮的黄杨和紫杉等以外，不种植其他树木，以利于一览无余地欣赏整幅图案。17 世纪下半叶，代表着辉煌和永恒的古典主义渗透到了法国文化的各个领域，特别是园林领域，因而产生了一大批优秀的作品。勒诺特尔是法国古典园林集大成的代表人物，他继承和发展了整体布局的原则，同时借鉴了意大利的园林艺术，并进行了创新。勒诺特尔构思宏伟、手法多样的造园风格满足了皇室的需要，它的出现标志着法国园林摆脱了对意大利园林的模仿，成为一个独立的流派。

18 世纪初，随着法国中央专制政权的衰落，古典主义园林艺术也衰落了。新的设计潮流是重视自然的美。正是在这一时期，法国产生了对后世影响极大的浪漫主义洛可可风格。启蒙主义思想家卢梭的"返回自然去"的号召对造园艺术具有很大的影响。

法国风景式造园思想有三个方面的倾向，首先是在造园品味上的变革和强烈要求富有变化的设计手法；其次是彻底抛弃了长期以来的勒诺特尔式园林风格；最后是造园要回到自然中去，而且要回归自然本身。在这个过程中，法国人一方面从传教士带来的中国报告中借鉴中国造园艺术；另一方面借鉴在中国造园艺术启发下刚刚形成的英国自然风景园。他们借鉴了中国的造园艺术中天然野趣的布局和风格，还仿造中国式的亭、阁、塔、桥等。

2. 法国古典主义园林特征

法国园林在勒诺特尔时代表现出越来越强烈的巴洛克倾向。勒诺特尔大胆舍弃了意大利园林烦琐装饰的巴洛克风格，创造了一种清新自然的新风格。勒诺特尔式园林设计具有典雅庄重的形象，局部处理也别具一格，其主要特征为具有平面图案感很强的铺展感，在选址上比较灵活。许多成功之作就是将沼泽之类的地形改造成园林景观。法国古典主义园林善于利用宽阔的园路形成贯通的透视线，采取了设置水渠的方法构造出恢宏的风景。正因为如此，勒诺特尔造园又被称为"广袤式"园林。法国古典主义园林在平面构图上采用了意大利园林轴线对称的手法，主轴线从建筑物开始沿一条直线延伸，以该轴线为中心对称布置其他部分。在局部设施方面，勒诺特尔有一些非常奇妙的独创，从而也成为法国古典主义园林特色的一部分。

（1）水景的处理。喷泉和水渠是法国园林中水景处理的主要两个方面。古典主义园林设计中水是不可或缺的，巧妙地规划水景，特别是善用喷泉等流水能表现庭院的勃勃生机。法国古典主义园林中喷泉的设计方案繁多，它们大多拥有特定的寓意，并且能够与整个园林布局相协调，如凡尔赛宫苑中的喷泉"拉通娜泉池""阿波罗喷泉"等构思就非常巧妙，设计精细，充分展示出流水之美。此外，在处理坡地时，往往利用地下水泵将水从下层水盘吸至上层水盘，并建造一排小喷水口，有时还在水盘底部铺以彩色的瓷砖和砾石。应用水渠主要是为了创造开阔的视野和优美的景观，水渠的存在为园主举办各种活动提供了多种可能性。正因为具有如此巨大的感染力，水渠在法国乃至欧洲造园中得到了广泛运用。

（2）花坛。勒诺特尔设计的花坛有六大类型，即刺绣花坛、组合花坛、英国式花坛、分区花坛、柑橘花坛、水花坛。

（3）树篱和丛林。树篱是花坛与丛林的分界线。树篱一般栽种得很密，行人不能随意穿越，而另设有专门出入口。树篱常用树种有黄杨、紫杉、米心树等。丛林通常是指一种方形的造型树木种植区，分为滚木球戏场、组合丛林、星形丛林、V形丛林四种。滚木球戏场在树丛中央辟出一块草坪，在草坪中央设置喷泉，草坪周围只有树木、栅栏、水盘，而没有其他装饰物的组合丛林和星形丛林中都设有许多圆形小空地。V形丛林则在草坪上将树木按每组五棵种植成V形。

（4）花格墙。法国古典主义园林将中世纪粗糙的木制花格墙改造成为精巧的庭院建筑物并引用到庭院中。在勒诺特尔造园中，花格墙成为十分流行的庭院要素，当时得到广泛应用。庭院中的凉亭、客厅、园门、走廊及其他建筑性构造物都用它造成。花格墙不仅价格低廉，而且制作容易，具有石材所不可比拟的优越性。

（5）雕塑。法国古典主义园林中的雕塑大致可分为两类：一类是对古代希腊罗马雕塑的模仿，另一类是在一定体裁基础上的创新。后者大多个性鲜明，具有较强的艺术感染力。

3.法国古典主义园林实例

（1）沃勒维贡特庄园。沃勒维贡特庄园是勒诺特尔的代表作之一，标志着法国古典主义园林艺术走向成熟，是一个宽600 m、长1 200 m的大庄园。庄园

1657 年始建，1661 年建成，府邸富丽堂皇。花园在府邸的南面展开，由北向南逐渐延伸。东侧地形原先略低于西侧，勒诺特尔有意抬高东边台地的园路，使中轴左右保持平衡，由此望去府邸更加稳定。中轴两边各有一块草坪花坛，中央是矩形抹角的泉池。外侧园路在丛林树木的笼罩之下，形成适宜散步观景的甬道；尽端各有一处观景台，下方利用地形开挖进去，是用于祈祷的小洞府。南边的洞府或北边的府邸倒映在水面上，起承上启下作用。南北两段挡土墙处理得完整而大气，既与大运河的尺度相协调，又增强了水空间的完整性。

　　（2）凡尔赛宫苑。广义的凡尔赛宫苑分为宫殿和园林两部分，宫殿指主要建筑凡尔赛宫，园林分为花园、小林园和大林园三部分。庞大恢宏的宫苑以东西为轴，南北对称，中轴线两侧分布着大小建筑、树林、草坪、花坛和雕塑。宫殿顶部摒弃了法国传统的尖顶建筑风格而采用了平顶形式，显得端庄而雄浑。中轴线上建有雕像、喷泉、草坪、花坛等。宫前广场有两个巨型喷水池，沿池伫立着 100 尊女神铜像。它规模宏大，风格突出，内容丰富，手法多变，完整地体现出古典主义艺术的造园原则。园林经过三个阶段改扩建，从 1662 年动工兴建到 1689 年大体建成，其间边建边改，有些地方反复修改多次，力求精益求精。凡尔赛宫苑所在地区原来是一片森林和沼泽荒地。1624 年，法国国王路易十三买下了约 473 500 m² 的荒地，在这里修建了一座二层的红砖楼房，用作狩猎行宫，勒诺特尔为其设计了花园和喷泉，原行宫的东立面被保留下来作为主要入口，并修建了大理石庭院。

　　在凡尔赛宫苑中最引人注目的部分当推沿主轴建造的"大水渠"。后来从这条水渠中部分出两条支流，形成十字形水渠。宫苑位于丘陵地带，主轴线垂直于等高线布置，这样能够使轴线两侧的地形基本持平，便于布置对称的要素，获得均衡统一的构图。轴线垂直于等高线，地势的变化就会反映在轴线上，因而勒诺特尔式园林的主轴线是一条跌宕起伏的轴线。由于轴线又是空间的组织线，因此园林中的空间也是一系列跌宕起伏处在不同高差上的空间。凡尔赛宫苑园林空间的另一个独到之处是有一些独立于轴线之外的小空间——丛林园。丛林园的存在使园林在一连串的开阔空间之外还拥有一些内向的、私密的空间，使园林空间的内容更丰富、形式更多样、布局更完整，体现了统一中求变化，又使变化融于统一之中的高超技巧。

凡尔赛宫苑的空间关系是极为明确的，完全可以用"疏可跑马，密不容针"来形容。轴线上是开敞的，尤其是主轴线，极度开阔；两旁是非常浓密的树林，不仅形成花园的背景，而且也限定了轴线空间。而在树林里面又隐藏着一些小的林间空地，布置着可爱的丛林园。浓密的林园反衬出中轴空间的开阔。这种空间的对比是非常强烈的，效果很突出。夸张点说，在勒诺特尔式园林中，空间只有两种：开敞的和郁闭的。这种空间的疏密关系突出了中轴，分清了主次，像众星拱月一样，反映着绝对君权的政治理想，反映了理性主义的严谨结构和等级关系。

三、英国园林

1. 英国古典园林发展

都铎王朝初期，庭院大多还处在深壕高墙的包围中，多为花圃、药草园、菜园、果园等实用园。此时，英国园林的发展主要受意大利文艺复兴园林的影响。

亨利八世时期，法国文艺复兴园林成为英国人的造园样板。人们在园中频繁举行庆会等活动，庭园的重要性日益显现，使英国园林出现了新的发展趋势。

伊丽莎白一世时期，英国园林的发展不大，基本上延续着中世纪以来的造园手法，绿色雕刻艺术盛行，植物迷宫也深受人们喜爱。

16世纪，英国造园家逐渐摆脱了城墙和壕沟的束缚，追求更为宽阔的空间，并尝试将意大利、法国的园林风格与英国的造园传统相结合。

17世纪上半叶，意大利和法国园林对英国园林的影响不断加深，但由于政局不稳，查理一世时期英国园林的发展受到限制。17世纪末，威廉三世热衷于造园，并将荷兰的造园风格带入英国。园中的装饰要素也更加复杂，法式风格的人工性设计手法被进一步加强。直到 18 世纪初，法国风格的整体形式园林仍受到英国人的喜爱。

18 世纪，受回归自然的思想和政治体制转变的影响，民族主义艺术观、社会经济、文学绘画等都有了很多改变，人们视野的扩大以及对自由的更大追求使得英国自然风景式园林开始产生。由于资产阶级启蒙主义思想影响英国，追求自由的英国人完全摒弃了此前规整的几何式园林，重新兴起发现自然、追求自然之风。这与中国士大夫在园林中的追求相近，于是中国风也影响着英国园林的设计。18 世纪前期可以称为洛可可园林时期，这也是自然式园林渐渐产生的时期。范布勒已开始从风景画的角度出发来考虑造景了。布里奇曼创造的界沟，使得园林与周围的自然风景连成一片，在视觉上消除了园林内外的阻隔之感，将国外的山丘、田野、树林、牧场，甚至羊群等借入园来扩大园林的空间感。他们开创的不规则造园手法等为真正风景式园林的出现开辟了道路。18 世纪中期则是自然风景园真正形成的时期。这一时期最活跃的造园家是威廉·肯特，他对斯陀园进行了全面改造，进一步将直线形的界沟改成曲线形的水沟，同时将水沟旁的列植植物改为自然植物群落。他的名言是"自然厌恶直线"，在当时英国的庄园美化运动中形成了一股热潮。

牧场式风景园时期。1760 年之后，英国自然乡村风貌的改观，使得在乡村建造大型庄园的风气更加兴盛。1760~1780 年是英国庄园园林化的大发展时期。这一时期的代表人物是布朗，他的造园手法基本上延续了肯特的造园风格，但他更追求辽阔深远的风景构图，并在追求变化和自然野趣之间寻找平衡点。他完全消除了花园和林园的区别，认为自然风景园应该与周围的自然风景毫无过渡地融合在一起。

绘画式风景园时期。钱伯斯反对布朗过于平淡的自然，提倡要对自然进行艺术加工，他的造园思想和作品让当时的英国兴起了中国式造园热潮。以布朗为代表的自然派和以钱伯斯为代表的绘画派之间的争论，促进了英国风景式造园的进一步发展。雷普顿是 18 世纪后期英国著名的风景造园家。他的实用与美观相结合的造园思想，带有明显的折中主义观点和实用主义倾向。

园艺式风景造园时期。19 世纪，英国造园家们将兴趣转向树木花草的培植上，在园林布局上强调植物景观所起的作用，造园的主要内容也转变成陈列奇花异草和珍贵树木。自然风景园的基本风格和大体布局经过半个多世纪的发展，已经走向成熟并基本定型，从整体上看，园艺水平有所下降。

2.英国规则式园林特征

一是规则式园林。各种形式的水景，在英国规则式园林中十分常见，成为园林中赏心悦目的景物。英国人很喜欢趣味性很强的水技巧、水魔术等水景，所以常将水景作为庭院设计的亮点。源于古罗马的绿色雕刻艺术受到英国人的追捧。从都铎王朝开始，直到 18 世纪初，绿色雕刻成为英国园林中主要的装饰元素之一，适宜造型的植物材料主要有紫杉、黄杨等。英国规则式园林的处理手法主要体现在局部构图以及造园要素的运用上，公园、花坛和草坪中的园路都是设计的重点。设计手法的革新包括花床的运用，以砖、石砌筑矮墙，上有木格栅栏，围绕着花丛，既便于观赏，又利于排水。

在园林建筑小品方面，英国园林中常见的有回廊和圆亭。回廊始于都铎王朝，大多布置在庭院的四周，用来连接各建筑物。园主们很乐意在园内建造美观、坚固的圆亭。圆亭不仅有装饰作用，而且能抵御英国变化无常的天气。日晷在英国园林中是除雕像和瓶饰之外重要的点景之物，尤其是在 18 世纪的庭院中，日晷取代了气候温暖地区园中常见的喷泉，既可展示庭院的主题，也有自身的实用功能；同时，制作精良的日晷具有很强的装饰作用。门柱或许是英国园林中独特的要素，柱顶部多饰有家族的族徽、吉祥物或石球造型。直到 17 世纪末，铁艺大门在园门中还很少见。

二是自然式园林。18 世纪上半叶，自然主义思想在文化艺术领域中居于统治地位，英国自然式园林也出现了。它使自然摆脱了几何形式的束缚，以更具活力的形式出现在人们面前。造园已不再是利用自然要素美化人工环境，也不是以人工方式美化自然，而是要利用自然要素美化自然本身。

英国自然式园林的重要特征就是借助自然的形式美，加深人们对自然的喜爱之情，并促使人们以新的视角重新审视人与自然的关系，将表现自然美作为造园的最高境界。随着时代的发展，人们对自然美的认识也在不断变化，在原有的自然观中又出现了各种新思潮和新观念，使得英国自然式园林在表现手法上有所不同，并形成了各种风格，但是这些园林风格都有一个共同的特点，那就是对自然美的热爱。

英国自然式园林在布局上尽可能避免与自然冲突，更多地运用弯曲的园路、自然式的树丛和草地蜿蜒的河流，形成与园外的自然相融合的园林空间，彻底消除园林内外之间的景观界限。在英国自然式园林中，大片的缓坡、草地成为园林的主体，并一直延伸到府邸的周围。园内利用自然起伏的地形，一方面阻隔视线，另一方面形成各具特色的景区。

在总体布局中，建筑不再起主导作用，而是与自然风景相融合。园中没有明显的轴线或规则对称的构图，失去了原有规则式园林的宏伟壮丽，而强调浓厚的自然气息。水体设计以湖泊、池塘、小河、溪流为主，常为自然式驳岸，构成缓缓流动的河流或平静的水景效果。园路设计以平缓的蛇形路为主，虽有分级，但无论主次，基本都是以自然流畅的曲线表现，给人以轻松愉快的感觉。植物配置模仿自然，并按照自然式种植方式，形成孤植树、树团、树林等渐变层次，一方面与宽敞明亮的草地相得益彰，另一方面使园林与周围的自然风景更好地融合在一起。

"哈哈墙"又称为隐垣或界沟，是由布里奇曼率先采用的。它以环绕园林的宽壕探沟，代替了环绕花园的高大围墙。隐垣的运用，除了界定园林的范围、区别园林内外、防止牲畜进入院内造成破坏之外，还使园林的视野得到前所未有的扩大，使园林与周围广阔的自然风景融为一体，消除了园林与自然之间的界限。

隐垣是英国自然式园林中独特的造园要素。

在英国自然式园林中，树木不再采用规则式种植形式。为了体现与自然相融合的原则，树木采取不规则的孤植、丛植、片植等形式，并且根据树木的习性，结合自然的植物群落特征，进行树木配置。乔木、灌木与草地的结合，以及自由的林缘线，使整个园林如同一幅优美的自然风景画。此外，种植的植物还常常起到隔景的作用，以增加景色的层次，营造更加自然的景观效果。在自然式园林中，所谓的花境就是指花卉的运用：一是在府邸周围建有小型的花园，并将花卉种植在花池中，四周围以灌木；二是在小径两侧，时常饰以带状种植的花卉，营造接近自然的野趣效果。

自然式园林的造园家在将风景画作为造园蓝本的同时，也将画家们杜撰的点缀性建筑物引入园林（这是对希腊园林设计的模仿）。点缀性建筑物代替了规则式园林中常见的雕像，成为园林景点的主题。这些小建筑物大多是毫无实用功能的装饰物，主要用来形成园林内的视线焦点，构建浪漫的古典或异国情调，也有的可供人们在园中小憩。在浪漫式风景园中，基本上每个园林中都有很多建筑物。以中国风格为代表的异国情调，也成为园中建筑的主题。中国式样的亭台楼阁是园中在数量上仅次于古代神庙的小建筑，往往布置在地势较高处。由数根圆柱相围，顶部设一个半球形穹顶，中央多安放一尊大理石雕像。

在英国风景园林中，常用岩石假山代替规则式园林中常见的洞府。园桥也是自然式园林中常见的构筑物，有联拱桥和亭桥等形式，常架设在溪流或小河之上，既有交通功能，又起到观景和造景作用。联拱桥一般较为低矮；廊桥则采用高大的帕拉迪奥式样，是长廊与小桥的完美结合。廊桥造型生动，装饰精美，是英国自然式园林的独创。

3. 英国规则式园林实例

（1）汉普顿宫苑。汉普顿宫苑是都铎王朝时期重要的宫殿，坐落在泰晤士河的北岸，占地面积很大。汉普顿宫苑的建成，在英国具有划时代的意义。此前，英国人还不曾设想过在郊外建造大型庄园。

汉普顿宫苑由游乐园和实用园两部分组成。花园布置在府邸西南的一块三角地上，紧邻泰晤士河，由一系列花坛组成，十分精致。庄园的北边是林园，东边有菜园和果木园等实用园。亨利八世扩大了宫殿前面花园的规模，并在园内修建了网球游戏场。1533年又新建了封闭宁静的秘园，在整形划分的地块上有小型结园，绿篱图案中填满各色花卉，铺有彩色沙砾园路，这说明它的设计受到了意大利园林设计的影响。还有一个小园以圆形泉池为中心，两边也是图案精美的结园。秘园的一端接池园。池园是园中现存的最古老的庭院，布置成下沉式，周边逐步上升并形成三个低矮的台层，外围有绿篱及砖墙。矩形园地中以"申"字形园路分隔空间，中心为泉池，中轴正对着一尊维纳斯大理石像，以整形紫杉做成的半圆形壁龛为背景。乔治·伦敦等人负责汉普顿宫苑的改扩建工程。他们完全遵循了勒诺特尔的设计思想，形成以平坦、华丽见长的新汉普顿宫苑。宫殿的主轴线正对着林荫道和大运河，宫殿前是半圆形刺绣花坛，装饰有13座喷泉和雕像，边缘是整形椴树回廊。

（2）霍华德城堡园林。霍华德城堡是建筑师约翰·范布勒爵士为卡尔利斯尔伯爵三世查理·霍华德设计的。范布勒是著名的巴洛克建筑师，也是英国历史上伟大的建筑师之一。范布勒以大量的瓶饰、雕塑、半身像和通风道等装饰城堡建筑，花园中也装点着精美的小型建筑。在英国的庄园建设中，这些都属于开创性的手法。

城堡建筑采用了晚期巴洛克风格，在造园样式上也表现出与古典主义分裂的迹象。霍华德城堡园林是17世纪末规则式园林向风景式园林演变的代表性作品。范布勒反对由单调的园路构成毫无生趣的轴线，转而寻求空间的丰富性；改变规则式造园准则，寻求更加灵活自由却又不失章法的园林样式。霍华德城堡园林面积超过2 000 m²，地形自然起伏，变化较大。霍华德城堡园林在很多方面都显示出造园形式上的演变，其中以南花坛的变化最具代表性，在造园艺术史中的意义也更大。在巨大的府邸建筑前的草坪上，拥有着由数米高的植物方尖碑、拱架及黄杨造型组成的花坛群。

园林由风景式造园理论家斯威泽尔设计，他在府邸的东面设置了带状小树林（称为"放射丛林"），让流线型园路和密度极大的绿荫小径组成的路网伸向林间空地，在园林中布置了环形廊架、喷泉和瀑布等。直到18世纪初，这个"自然式"丛林与范布勒的几何式花坛之间还存在着极其强烈的对比。后人将斯威泽尔设计的这个小丛林看作是英国风景造园史上具有决定意义的转变。

第四节　现代园林设计理论观念

21世纪是注重人与环境和谐发展的生态时代，随着全球可持续发展理念的确立，一种新的生态价值观正逐渐成为规范我们社会行为的指导原则，环境设计的生态变革必然导致园林设计的发展同样进入一个新的历史时期。随着人类生活质量要求的日益提高和生态环境问题的日益复杂，新的时代背景给予了园林设计这一学科新的时代意义。基于人类整体意义上的生存价值与个体意义上的生活品质之间的利益平衡，居住行为被放到整个自然的生态系统之中去考量，生态的园林设计也被当作建设美好和谐社会的伦理性行为，并被提到了一定的高度，这就要求我们在设计中有正确的设计观并保持一定的社会责任感和使命感。

一、现代园林设计的生态自然观

工业与科技的高速发展，在给人类带来方便的同时，也带来了负面的效应，全球生态环境状况日益严峻，人类要生存就必然要重视自然生态的维护，怎样完善设计以减小对环境的负面影响成为现代园林设计者当前面临的一项最为重要的任务。树立正确和行之有效的生态设计观是影响未来环境发展的要点，是营造具有高质量、高品质的空间环境的有效途径。但是，在现代社会，我们一提到生态设计，大多都简单地将其理解为绿化率达到了多少，事实上，生态关乎诸多方面，它不仅仅体现在绿化方面，而且体现在对地域文化的尊重与保护，以及对地理特征和自然资源的合理利用与开发方面，这些都是园林设计在生态保护方面所要涉及的内容。

现代园林设计要求设计者充分利用场所条件和特性，因地制宜地采用最合适的方法和手段进行设计，以求得最经济和最朴实的生态景观。计成的《园冶·相地》中提到"高方欲就亭台，低凹可开池沼，卜筑贵从水面，立基先究源头，疏源之去由，察水之来历，相地合宜，构园得体"，他的观点依然是现代园林设计中的重要理论。他强调设计必须根据原有场地的地形进行改造，以减少挖填土方来塑造地形的巨大成本，既可以节省资金和能源，也可以利用地形进行造景。所以我们应该发扬中华民族厚德载物的生态伦理文明，亲近自然，尊敬自然，顺应自然，效法自然，达到"天地与我并生，而万物与我为一"的境界。

现代社会提倡生态园林城市的发展建设，这需要人及生态自然系统和社会经济等各种要素的参与，这是一个综合复杂的人工系统，而园林生态系统则是这个系统中维系自然要素的关键所在。园林生态系统设计的本质是使城市生态环境朝着良性的方向发展，以提高人居生活环境质量。无论是一个城市生态系统的建设，还是一处生态园林景观的设计规划，归根结底都是把为人服务的、和谐的、高效的、良性的建设目标作为长远的目标，目的在于保持生态系统自身不断健康发展，同时还要不断提升人居生活环境的品质。

二、现代园林设计的和谐人性观

和谐包括人与自然、人与人、人与自身的和谐。园林设计不仅要适合人的游憩，更重要的是要体现生活之美。现代园林设计中所谓的和谐之美，要求设计者设计时考虑园林的现代化、智能化、功能性、安全性等方面的具体问题，遵循和落实以人为本的设计原则，从而营造安全、高效、健康和舒适的诗意的生活环境。

现代园林设计的最终目的就是为人们营造舒适、自然的生活和居住环境，所以我们在进行设计的时候必须考虑到当代的文化和历史背景。现代园林已不再是私家园林，更多的是一种共享空间的设计，因而现代园林设计的焦点和落脚点应该是以公共群体的人（也就是指社会学意义上的人群，他们有着物理层次的需求和心理层次的共性需求）为本。因此，人性化的设计观是现代园林设计中的基本原则，在这个原则下，设计者应最大限度地让其适应人的行为方式，满足人的情感需求，使人在这个环境里感到舒适、愉悦。

现代园林设计中所说的以人为本的设计首先是为人提供良好的自然环境，这不同于中国古典园林设计中移天缩地、师法自然的环境营造形式。首先，设计者要让设计与城市文脉和它的自然环境相协调。其次，园林最基本的功能是为人所使用，园林要有具体的实用价值，同时要具有一定的现代审美价值。美好的东西是能打动人内心的，而增加了文化因素的东西更能引发人的想象和联想，更能引起人的共鸣，因此以人为本应强调在实用的同时更要富有精神内涵、文化内涵和场所精神。再次就是人性化的考虑，依据具体设计中的具体情况，人性化设计的理念也在不断更新和落地。设计者要尊重人们的情感，把握其不同性质的内涵，创造有生命力、持久力、情趣化的环境场所来满足现代人的各种需求。只有这样，才能真正做到以人为本，充分利用种种因素来体现现代条件下园林设计的意义，如巴西米度雷那公园处在密集的居住区，97% 的城市土地被用作建设用地，人均绿化面积不到 1 m²。然而，新建的米度雷那公园改变了这一面貌，让当地人的生活焕然一新。对普通人来说，到公园欣赏风景是一件非常容易的事；可对盲人来说，这似乎不太可能。芳香多感园是专供盲人朋友参观游览的园区，也是名人植物园的特色园区。芳香多感园针对盲人的触觉、听觉、嗅觉等需求，种植无毒、无刺，具有明显的嗅觉特征，植株形态独特，色彩鲜艳的各类植物，并合理设置盲文和语音系统，修建了盲道等无障碍设施。

三、现代园林设计的创新设计观

所谓创新设计观，是指在满足人性设计和生态设计的基础上，对设计者提出更高的要求。这一设计观主要是为了避免千篇一律的现代园林设计这一重点问题。这就要求我们的设计者不拘泥于现有的一些园林表现形式，充分打开设计思路，将传统与现代的文化、技术、科技、地域特点等具有特色的设计内容巧妙地融入其中。设计者应能够从不同的方向和思路上展开设计，充分运用灵活、独特的思维方式，这样才能带来具有新意的现代园林设计，创造更多元化的现代园林风格。

现代园林设计注重设计要素各个方面的创新。现代园林的设计要素非常丰富，除了传统的地形、水体、植物、建筑与构筑物等形体要素外，现代设计者还可以通过高科技自由地运用光影、色彩、声音、质感等形式要素。即便是传统的要素，现代设计者也可以挖掘出许多新的应用方法。例如，法国的西蒙、瑞士的克莱默等设计师就将地形本身作为景观来进行设计，西蒙在 20 世纪 50~60 年代提出的用点状地形加强围合感及线状地形创造连绵空间的思想极富创新性。而设计师克莱默在为庭院博览会设计的诗园中，大胆地运用三棱锥和圆锥台塑造地形，使雕塑般的地形与自然环境形成了鲜明的对比。诗园具有当时美国产生的大地艺术的基本形式，因而有人认为克莱默是欧洲大地艺术的开创者。在植物方面，设计者的新用法首先体现在科学运用上；其次是有选择性地运用，根据场地的功能及观赏的需求来选择相适应的植物。

现代主义园林不仅在设计要素上进行了创新，在设计形式上也有很大的突破，一改传统园林那种呆板、生硬的对称模式，取而代之的是各种简洁、自由的表达形式，设计者在满足使用功能的基础上开始注重设计形式本身的探索与创新。例如，丹凯利喜欢采用几何网格的整体布局形式，他为坦帕市银行总部所设计的花园正是采用了这一布局形式；而埃克博则习惯运用自由的曲线进行平面构图，形成一种舒展随意的形态，他所设计的奥克兰运河公园正是通过不同的设计元素创新，在狭长的场地内营造出舒适的景观空间。

关于现代园林设计，许多设计者在满足设计作品功能的同时，还常常借用多种姊妹艺术的创造手法进行形式创新，不仅丰富了园林艺术的表现形式，给人们带来了多种美感形式的感受，同时也为以后的园林设计提供了更多的思路；不仅有利于我国传统瑰宝的传承，同时也为世界现代园林艺术设计的拓展带来了新的内容和表现形式。

四、现代园林设计的文化艺术观

现代园林设计不仅仅需要形式上的美感，还应尽可能地使人与自然合一共生、人与社会和谐共融、人与人和睦相处。在园林设计中，通常有自然美、艺术美、生态美。泰山日出、黄山云海、云南石林、烂漫的山花、纷飞的彩蝶等都是美丽的自然景色，都会让人产生美的感受与遐想，人们在欣赏自然美、生活美的同时，孕育了主观的艺术美。艺术美是自然美和生活美的升华。无论是王维的"明月松间照，清泉石上流"、马致远的"枯藤老树昏鸦，小桥流水人家"，还是范宽的《秋山行旅图》、徐渭的《青藤书屋图》，无不创造出一种令人神往的美妙境界。

艺术设计观是现代园林设计中对美的更高层次的追求，在设计中不断寻求新的艺术表现形式，提取新的审美元素，使园林在设计表现上更加丰富多彩，充分运用对称与均衡、对比与统一、比例与尺度、节奏与韵律等不同的表现规律来体现设计主体的艺术特征。现代园林设计要求在园林设计的方方面面都运用艺术的美感进行表达，在规划布局、造型色彩、材料结构等的营造上均赋予其特有的主题艺术形式，从而为现代园林空间的营造增加艺术的内涵。例如，一个抽象的园林小品，一处耐人寻味、引人思考的雕塑作品，一方具有特色内容的铺装，都会带给人以艺术的感受及美的体验与遐想，这些都表现出现代艺术设计现在园林设计中良好应用的效果。我们在学习园林设计时，必须要巧妙、主动地将艺术观念和艺术语言结合并运用到园林设计中，在现代园林设计的方方面面发挥它们的艺术魅力。

第二章　园林绿化组成要素的规划设计

第一节　园林地形规划设计

园林绿地组成要素设计是进行各类园林绿地规划设计所必须掌握的基本能力，通过对园林绿地组成要素的构成训练和设计过程的训练，了解园林绿地各组成要素的类型与功能，熟悉园林绿地各组成要素的特性，掌握园林绿地各组成要素的设计原则和方法，能结合园林绿地现状完成园林绿地各组成要素的设计，为各类园林绿地的规划及设计奠定基础。

地形是指地面上各种高低起伏的形状，地貌是指地球表面的外貌特征，地物是指地上和地下的各种设施和事物。地形是构成园林实体非常重要的要素，也是其他诸要素的依托和底界面，是构成整个园林景观的骨架。不同的地形、地貌反映出不同的景观特征，它影响着园林的布局和园林的风格。有了良好的地形和地貌，才有可能产生良好的景观效果。因此，地形、地貌是园林造景的基础。

从园林范围来说，地形包含土丘、台地、斜坡、平地或因台阶和坡道所引起的水平面变化的地形，这类地形统称为小地形；起伏最小的地形称为微地形，包括沙丘上的微弱起伏或波纹或是道路上石头和石块的不同变化。总之，地形是外部环境的地表因素。

一、园林地形的形式

按坡度不同，地形可分为平地、台地和坡地。平地是指坡度介于 1%~7% 的地形。台地是由多个不同高差的平地联合组成的地形。坡地可分为陡坡和缓坡。

（一）按地形的形态特征分类

1. 平坦地形

平坦地形是园林中坡度比较平缓的用地，坡度介于 1%~7%。平坦地形在视觉上空旷，宽阔，视线遥远，景物不被遮挡，具有强烈的视觉连续性；平坦地形能与水平造型互相协调，使其很自然地同外部环境相吻合，并与地面垂直造型形成强烈的对比，使景物突出；平坦地形可作为集散广场、交通广场、草地、建筑等用地，以接纳和疏散人群，组织各种活动或供游人游览和休息。

2. 凸地形

凸地形具有一定的凸起感和高耸感，凸地形的形式有土丘、丘陵、山峦及小山峰。凸地形具有构成风景、组织空间、丰富园林景观的功能，尤其在丰富景点视线方面起着重要的作用。凸地形比周围环境的地势高，视线开阔，具有延伸性，空间呈发散状。它一方面可成为观景之地；另一方面因地形高处的景物突出、明显，能产生对某物或某人更强的尊崇感，又可成为造景之地。

3. 凹地形

凹地形也被称为碗状洼地。凹地形是景观中的基础空间，适宜于多种活动的进行，当其与凸地形相连接时，它可完善地形布局。凹地形是一个具有内向性和不受外界干扰的空间，给人一种分割感、封闭感和私密感。凹地形还有一个潜在的功能，就是充当一个永久性的湖泊、水池或者蓄水池。凹地形在调节气候方面也有重要作用，它可躲避掠过空间上部的狂风；当阳光直接照射到其斜坡上时，可使地形内的温度升高，因此凹地形与同一地区内的其他地形相比更暖和、风沙更少、更具宜人的小气候。

4. 山脊

山脊总体上呈线状，与凸地形相比较，其形状更紧凑、更集中。山脊可以说是更"深化"的凸地形。

山脊可限定空间边缘，调节其坡上和周围环境中的小气候。在景观中，山脊可被用来转换视线在一系列空间中的位置或将视线引向某一特殊焦点。山脊还可充当分隔物，作为一个空间的边缘，山脊犹如一道墙体将各个空间或谷地分隔开来，使人感到有"此处"和"彼处"之分。从排水角度而言，山脊的作用就像一个"分水岭"，降落在山脊两侧的雨水将各自流到不同的排水区域。

5. 谷地

谷地综合了凹地形和山脊地形的特点；与凹地形相似，谷地在景观中也是一个低地，是景观中的基础空间，适合安排多种项目和内容。它与山脊相似，也呈线状，具有方向性。

（二）园林地形与生态

生态是指生物的生活状态，指生物在一定的自然环境下生存和发展的状态以及它们之间和它与环境之间环环相扣的关系。和传统园林相比，现代园林更注重生态景观和生态学理论的应用与推广。与传统园林相比，生态理论在现代城市公园生态景观中的运用更为积极和深入。地形设计把生态学原理放在首位，在生态科学的前提下确定景观特征。地形是植物和野生动物在花园中生存的最重要的基础。它不仅是创造不同空间的有效方式，而且可以通过不同的形状和高度创造不同的栖息地。不断变化的地形为丰富植物种类和数量提供了更多的空间，也为昆虫、鸟类和小型哺乳动物等野生动物提供了栖息地。

（三）园林地形与美学

现代园林地形的种类更加丰富，地形的使用也日益普遍。我们在日常生活、学习和工作中，经常接触到各种各样的地形。地形的三个基本特性是不会改变的，每一个地形都利用点、线、面的组合显示出大量的地理信息及地形特色。

1. 直接表现

一个线条光滑、美观秀丽的优美地形，可以让人赏心悦目，得到美的感受。具有时代感的优秀山水地形作品，可以让人信服，得到心理满足。地形可以直接代表外在形式的艺术美感，也可以间接地反映出科学美内在的逻辑意蕴，更能体现理性更深的美；艺术美与科学美的内在联系和外在联系，在园林的地形上蕴含着美的内涵。具有艺术感染力的地形美是客观存在的。此外，运用独特的地形技术，可以正确地反映我国悠久的历史和灿烂的文化。

2.间接表现

园林地形必须具有严密的科学性、可靠的实用性、精美的艺术性，这是表现园林地形美的3个主要方面。

（1）科学性。科学性是地形科学美的基本要求。它体现于设计地形的数学基础（确保精度）、特定的栽植植物和特殊的堆砌方法，从尽可能少和简单的概念出发，规律性地描述园林地形单个对象及其整体。

（2）实用性。实用性是地形美的实质，主要表现在地形内容的完备性和适应性两方面。适应性是地形所处位置的审美特征，指地形承载内容的表现形式，技术手段能使人理解、接受、感到视觉美，感到形式与内容相统一的和谐美。

（3）艺术性。艺术性是地形艺术美之所在，主要体现在地形具有协调性、层次性和清晰性三方面。协调性是指地形总体构图平衡、对称，各要素之间能协调配合，相互衬托，地形空间显得和谐；层次性是指园林地形结构合理，有层次感，主体要素突出于第一层视觉平面上，其他要素置于第二或第三视觉层面上；清晰性是指地形有适宜的承载量，地形所承载的植物、构筑、水面等配比合适，各元素之间搭配正确合理，内容明快实在，贴近自然，使人走入园林有一种美的享受。

（四）地形塑造

1.技术准备

熟悉施工图纸，以及施工地块内土层的土质情况。在测量放样时，可以根据施工图的要求，做好控制桩并做好保护。编制施工方案，提出土方造型的操作方法，提出需用施工机具、劳动力等。

2. 人员准备

组织并配备土方工程施工所需各专业技术人员、管理人员和技术工人，组织安排作业班次，制定较完善的技术岗位责任制和质量安全、网络管理制度，建立技术责任制和质量保证体系。

3. 设备准备

做好设备调配，对进场挖土、推土、造型、运输车辆及各种辅助设备进行维修检查、试运转并运至使用地点就位。对拟采用的土方工程新机具，组织力量进行研制和试验。

4. 施工现场准备

土方施工条件复杂，施工受到地质气候和周边环境的影响很大，所以要把握好施工区域内的地下障碍物，核查施工现场地下障碍物数据，确认可能影响地下管线的施工质量，并消除施工的其他障碍。全面估算施工中可能出现的不利因素，并提出各种相应的预防措施和应急措施，包括临时水、电、照明和排水系统以及铺设路面的施工。在原建筑物附近的挖填作业中，一方面要考虑原建筑物是否有外力作用，从而造成损伤，根据施工单位提供的准确位置图，测量人员进行方位测量，挖出地面，并将隐藏的物体清除；另一方面进行基层处理，由建设单位自检、施工或监理单位验收。在整个施工现场，首先要排除水，根据施工图的布设，精确定位标准的设置和高程的高低，进行开挖和成桩施工。在地形整理工程施工前，必须完成各种报关手续和各种证照。

再好的地形设计，只有通过测绘施工等生产过程中各生产作业人员的认真工作才能得以实现，这就要求各工序的生产者具有高度的责任心和专业的理论知识，具有正确的审美观和较高的修养，能自觉地、主动地按照自然规律进行创造性的、卓有成效的生产作业。如此，经过大家的共同努力，才能让园林景观展现出大自然的魅力，以满足人们及社会的需要。

二、园林地形的功能与作用

（一）基础和骨架作用

地形是构成园林景观的骨架，是园林中所有景观元素与设施的载体，它为园林中其他景观要素提供了赖以存在的基面，是其他园林要素的设计基础和骨架，也是其他要素的基底和衬托。地形可被当作布局和视觉要素来使用，地形有许多潜在的视觉特性。在园林设计中，要根据不同的地形特征，合理安排其他景物，使地形起到较好的基础作用。

（二）空间作用

地形因素直接制约着园林空间的形成。地形可构成不同形状、不同特点的园林空间。地形可以分隔、创造和限制外部空间。

（三）改善小气候的作用

地形可影响园林某一区域的光照、温度、风速和湿度等。园林地形的起伏变化能改善植物的种植条件，提供阴、阳、缓、陡等多样性的环境。可利用地形的自然排水功能，提供干湿不同的环境，使园林中出现宜人的气候以及良好的观赏环境。

（四）景观作用

作为造园要素中的底界面，地形具有背景角色。例如，平坦地形上具有园林建筑、小品、道路、树木、草坪等一个个景物，地形则是每个景物的底面背景。同时，园林的凹凸地形可作为景物的背景，景物和作为背景的地形之间有很好的构图关系。另外，地形能控制视线，能在景观中将视线导向某一特定点，影响某一固定点的可视景物和可见范围，因此可通过对地形的改造和组合，产生不同的视觉效果。

（五）影响旅游线路和速度

地形可被用在外部环境中，影响行人和车辆运行的方向、速度和节奏。在园林设计中，可用地形的高低变化、坡度的陡缓以及道路的宽窄、曲直变化等来影响和控制游人的游览线路及速度。

三、园林地形处理的原则

（一）因地制宜原则

在园林地形设计中，要考虑对原有地形的利用，以充分利用为主、改造为辅，因地制宜，尽量减少土方量。建园时，最好达到园内的土方量填挖平衡，以节省劳动力和建设投资。但是，对有碍园林功能和园林景观的地形要大胆进行改造。

1. 满足园林性质和功能的要求

园林绿地的类型不同，其性质和功能就不一样，对园林地形的要求也就不尽相同。城市中的公园、小游园、滨湖景观、绿化带、居住区绿地等对园林地形要求相对要高一些，可进行适当处理，以满足使用和造景方面的要求。郊区的自然风景区、森林公园、工厂绿地等对地形的要求相对低，可因势就形稍做整理，偏重于对地形的利用。

游人在园林内进行各种游憩活动，对园林空间环境有一定的要求。因此，在进行地形设计时要尽可能为游人创造出各种游憩活动所需的不同的地貌环境。例如，游憩活动、团体集会等需要平坦地形；进行水上活动时需要较大的水面；登山运动需要山地地形；各类活动综合在一起，需要不同的地形分割空间。利用地形分割空间时常需要有山岭坡地。

园林绿地内地形的状况与容纳的游人量有密切的关系，平地容纳的人多，山地及水面则受到限制。

2. 满足园林景观要求

不同的园林形式或景观对地形的要求是不一样的，自然式园林要求地形起伏多变，规则式园林则需要开阔平坦的地形；要构成开放的园林空间，需要大片的平地或水面；幽深景观需要峰回路转层次多的山林；大型广场需要平地，自然式草坪需要微起伏的地形。

3. 符合园林工程的要求

园林地形的设计在满足使用和景观功能的同时，必须符合园林工程的要求。当地形比较复杂时，如山体的高度、土坡的倾斜面、水岸坡度的合理稳定性、平坦地形的排水问题、开挖水体的深度与河床的坡度关系、园林建筑设置的基础以及桥址的基础等都要以科学为依据，以免发生陆地内涝、水面泛滥与枯竭、岸坡崩坍等工程事故。

4. 符合园林植物的种植要求

地形处理还应与植物的生态习性、生长要求相一致，使植物的种植环境符合生态地形的要求。对于保留的古树名木，要尽量保持它们原有地形的标高，且不要破坏它们的生态环境。总之，在园林地形的设计中，要充分考虑园林植物的生长环境，尽量创造出适宜园林植物生长的环境。

（二）园林地形的造景设计

1. 平坦地形的设计

平坦地形是坡度小于 3% 的地形。平坦地形按地面材料可分为土地面、沙石地面、铺装地面和种植地面。土地面如林中空地，适合夏日活动和游憩；沙石地面如天然的岩石、卵石或沙砾；铺装地面可以是规则或不规则的；种植地面则是植以花草树木。

平坦地形可用于开展各种活动，最适宜做建筑用地，也可做道路广场、苗圃、草坪等用地，可组织各种文体活动，供游人游览休息，接纳和疏散人群，形成开阔景观，还可做疏林草地或高尔夫球场。

（1）设计地形时，应同时考虑园林景观和地表水的排放，要求平坦地形有 3%~5% 的坡度。各类地表的排水坡度见表 2-1。

表 2-1 各种地表的排水坡度

%

地表类型	最大坡度	最小坡度	最适坡度
草地	33	1.0	15~10
运动场地	2	0.5	1
栽植地表	视土质而定	0.5	3~5
铺装场地（平原地区）	1	0.3	—
丘陵地区	3	0.3	—

（2）在有山水的园林中，山水交界处应有一定面积的平坦地形作为过渡地带，临山的一边应以渐变的坡度和山体相接，近水的一旁以缓慢的坡度慢慢伸入水中，形成冲积平原的景观。

（3）在平坦地形上造景可结合挖地堆山或用植物分隔，以障景等手法进行处理，这样可以打破平地的单调乏味，防止景观一览无余。

2. 坡地地形的设计

布置道路建筑一般不受约束，可不设置台阶，可开辟园林水景，水体与等高线平行，不宜布置溪流。

（1）中坡地（10%~25%）。在该地形设计中，可灵活多变地利用地形的变化来进行景观设计，使地形既相分割又相联系，成为一体。在起伏较大的地形的上部可布置假山，塑造成上部突出的悬崖式陡崖。布置道路时需设梯步，建筑最好分层设置，不宜布置建筑群，也不适宜布置湖、池，而宜设置溪流。

（2）陡坡地（25%~50%）。视野开阔，但在设计时需布置较陡的梯步。

在坡地处理中，忌将地形处理成馒头形。要充分利用自然，师法自然，利用原有植被和表土，在满足排水、适宜植物生长等使用功能的情况下进行地形改造。

3. 山地地形的设计

山地是坡度大于 50% 的地形，在园林地形的处理中，一般不做地形改造，不宜布置建筑；可布置蹬道、攀梯。

4. 假山设计与布局

假山又称掇山、迭山、叠山，包括假山和置石两个部分。假山是人工创作的山体，是以造景游览为主要目的，充分结合其他多方面的功能作用，以灰、土、石等为材料，以自然山水为蓝本并加以艺术提炼，人工再造的山水景物的通称。置石是以山石为材料做独立性或附属性的造景布置，主要表现山石的个体美或局部的组合，而不具备完整的山形。

我国园林以风景为骨干的山水园著称，有山就有高低起伏的地势。假山可作为景观的主题以点缀空间，也可起分隔空间和遮挡视线的作用，能调节游人的视点，形成仰视、平视、俯视的景观，丰富园林艺术内容。山石可以堆叠成各种形式的蹬道，这是古典园林中富有情趣的一种创造方式，山石也可用作水体的驳岸。

第一，假山的分类。假山按构成材料可分为土山、石山和土石山三类。土山是全部以土为材料创作的山体。要有30°的安息角，不能堆得太高、太陡。石山是全部以石为材料创作的山体。这类山体多变，形态有的峥嵘，有的妩媚，有的玲珑，有的顽拙。土石山中，土包石以土为主，石占30%左右；石包土以石为主，土占30%左右。假山按堆叠的形式可分为仿云式、仿抽雕、仿山式、仿生式、仿器式等。

第二，假山的布局与造型设计。假山可以是群山，也可以是独山。在山石的设计中，要将较大的一面向阳，以利于栽植树木或安排主景，尤其是临水的一面应该是山的阳面。山石可与植物、水体、建筑、道路等要素相结合，自成山石小景。假山大体上可分为两大类别：一是写意假山。写意假山是以某种真山的意境创作而成的山体，是将真山的山姿山容、气势风韵，经过艺术概括、提炼，再现在园林里，以小山之形传大山之神，给人一种亲切感，富有丰富的想象。例如，扬州个园的假山，用笋石（白果峰）配以翠竹，以刻画春季景观；用湖石配以玉兰、梧桐，以刻画夏季景观；用黄石配以松柏、枫树，衬托秋季景观；用宣石配以蜡梅、天竺葵，衬托冬季景观。四季假山各具特色，表达出"春山淡雅而如笑，夏山苍翠而如滴，秋山明净而如妆，冬山惨淡而如睡"和"春山宜游，夏山宜看，秋山宜登，冬山宜居"的诗情画意。二是象形假山。象形假山是模仿自然界物体的形体、形态而堆叠起来的景观。自然界的山形形色色，自然界的石头种类也繁多，用于造园常见的有湖石、黄石、宣石、灵璧石、虎皮石等种类。每种石头都有它自己的石质、石色、石纹、石理，各有不同的形体轮廓。不同形态和质地的石头也有不同的性格。就造园来说，湖石的形体玲珑剔透，用它堆叠假山，情思绵绵。黄石则棱角分明，质地浑厚刚毅，用它堆叠假山，嵯峨棱角，峰峦起伏，给人的感觉是朴实苍润。因此，要分峰用石，避免混杂。假山的设计与布局应注意以下四个方面的问题：满足功能要求；明确山体朝向和位置；假山不宜太高，高度通常 10~30 m 即可；假山的设计依照山水画法，做到师法自然。

5. 置石

第一，特置。置石也称孤植、单植，即一块假山石独立成景，是山石的特写处理。特置要求山石体量大、轮廓线突出、体姿奇特、山石色彩突出。特置常作为入口的对景、障景、庭园和小院的主景，道路、河流、曲廊拐弯处的对景。特置山石布置时，要相石立意，注意山石体量与环境相协调。

第二，散置。散置又称"散点"，即多块山石散漫放置，以石之组合衬托环境取胜。这种布置方式可增加某地段的自然属性，常用于园林两侧、廊间、粉墙前、山坡上、桥头、路边等或点缀建筑或装点角隅。散置要有聚散、断续、主次、高低、曲折等变化之分，要有聚有散，有断有续，主次分明，高低参差，前后错落，左右呼应，层次丰富，有立有卧，有大有小，仿佛山岩余脉或山间巨石散落或风化后残余的岩石。

第三，群置。群置即"大散点"，是将多块山石成群布置，作为一个群体来表现的。布置时，要疏密有致、高低不一。置石的堆放地相对较多，群置在布局中要遵循石之大小不等、石之高低不等、石之间距远近不等的原则。

第四，对置。对置是沿中轴线两侧做对称的山石布置。布置时，要左右呼应、一大一小。在园林设计中，置石不宜过多，多则会失去生机；也不宜过少，太少会失去野趣。设计时，注意石不可杂、纹不可乱、块不可均、缝不可多。

叠山、置石和山石的各种造景必须统一考虑安全、护坡、登高、隔离等各种功能要求。有游人进出假山的结构必须稳固，应有采光、通风、排水的措施，并应保证通行安全。叠石必须保持本身的整体性和稳定性。山石衔接以及悬挑、假山的山石之间、叠石与其他建筑设施相接部分的结构必须牢固，确保安全。

第二节　园林水体规划设计

水是园林设计中重要的组成部分，是所有景观元素中最具吸引力的一类要素。我国古代的园林设计通常用山水树石、亭榭桥廊等巧妙地组成优美的园林空间，将我国的名山大川、湖泊溪流、海港龙潭等自然奇景浓缩于园林设计之中，形成山清水秀、泉甘鱼跃、林茂花好、四季有景的"山水园"格调，使之成为一幅美丽的山水画。

大自然中的水有静水和动水之分。静态的水，面平如镜，清风掠过水面，碧波粼粼，给人以宁静之感；皓月当空时，月印潭心，为人们提供优美的夜景；波澜不惊、锦鳞游泳的各类湖泊，与树林、石桥、建筑、山石彼此辉映，相得益彰；幽静、深邃的峡谷深潭，使人联想起很多美丽动人的传说。动态的水，通常给人以活泼、奋发、奔放、洒脱、豪放的感觉。例如，山涧小溪、清泉沿滩泛漫而下，赤足戏水，逆流而上，有轻松、愉快、柔和之感；又如，水从两山或峡谷之间穿过形成的涧流，由于水受两山约束，水流湍急，左避右撞，形成波涛汹涌、浪花翻滚的景观，给人以紧迫、负重之感；再如，水流从高山悬崖处急速直下，犹如布帛悬挂空中，形成瀑布，有的高大好似天上落下的银河，有的宽广宛如一面洁白如玉的水墙，瀑底急流飞溅、涛声震天，使人惊心动魄、叹为观止。

一、园林景观水体规划的现状

中国园林素有"有山皆是园，无水不成景"之说，由此可见水对于景观的重要性。可是，现在的水景现状却令人担忧。城市中随处可见的大喷泉却静静地躺在水里而不喷水，到处是被污染的河流、小溪，还有那笔直、高深的蓄洪大坝，更不用说那些早已干涸的水池了。这是一种很普遍的水景现象，也是一种很可悲的水景现象，发人深省。人有着亲水的本性，设计师们也在努力满足人们的这种需求，这本身是件好事，可是结果却是令人失望的，在水资源紧缺的华北、西北一些城市，近年来出现打造城市景观水之风。有的城市"拦河筑坝"，把河水"圈"在城内；有的城市耗巨资"挖地造湖"，人为制造水域景观。在水资源日益缺乏的今天，如何营造宜人的水景，如何满足人们亲水的需求，成为摆在设计师面前一个很重要的问题。

（一）水体的特征

水之所以成为造园者以及观赏者都喜爱的景观要素，除了水是大自然中普遍存在的景象外，还与水本身具有的特征分不开。

1. 水具有独特的质感

水本身是无色透明的液体，具有其他园林要素无法比拟的质感。这一点主要表现在水的"柔"性。古代有以水比德、以水述情的描写，即所谓的"柔情似水"。水独特的质感还表现在水的洁净、水清澈见底而无丝毫的躲藏上。在世间万物中，只有水具有本质的澄净，并能洗涤万物。水之清澈、水之洁净，给人以无尽的联想。

2. 水有丰富的形式

水在常温下是一种液体，本身并无固定的形状，其观赏的效果决定于盛水物体的形状、水质和周围的环境。

水的各种形状、水姿都与盛水的容器相关。盛水的容器设计好了，所要达到的水姿就出来了。当然，这也与水本身的质地有关，各种水体用途不同，对水质的要求也不尽相同。

3. 水具有多变的状态

水因重力和受外界的影响，常呈现四种不同的动静状态。一是平静的湖水，安详、朴实；二是因重力影响呈现流动；三是因压力向上喷涌，水花四溅；四是因重力下跌。水也会因气候的变化呈现多变的状态，水体可塑的状态与水体的动静两宜都给人以遐想。

4. 水具有自然的音响

运动着的水，无论是流动、跌落、喷涌还是撞击，都会发出各自的音响。水还可与其他要素结合发出自然的音响。

5. 水具有虚涵的意境

水具有透明而虚涵的特性。表面清澈，呈现倒影，能带给人亦真亦幻的迷人境界，体现出"天光云影共徘徊"的意境。

总之，水具有其他园林要素无可比拟的审美特性。在园林设计中，可通过对景物的恰当安排，充分体现水体的特征，充分发挥水体的魅力，给园林更深的感染力。

（二）园林水体的布局形式

1. 规则式水体

规则式水体包括规则不对称式水体和规则对称式水体。此类水体的外形轮廓是有规律的直线或曲线闭合而形成的几何形，大多采用圆形、方形、矩形、椭圆形、梅花形、半圆形或其他组合类型，线条轮廓简单，有整齐的驳岸，常以喷泉作为水景主题，并多以水池的形式出现。

规则式水体多采用静水形式，水位较为稳定，变化不大，其面积可大可小，池岸离水面较近，配合其他景物，可形成较好的水中倒影。

2. 自然式水体

自然式水体的外形轮廓由无规律的曲线组成。园林中，自然式水体主要是对原水体进行的改造或者进行人工再造而形成的，是通过对自然界中存在的各种水体形式进行高度概括、提炼、缩拟，用艺术形式表现出来的。

自然式水体大致归纳为两种类型：拟自然式水体和流线型水体。拟自然式水体有溪、涧、河流、人工湖、池塘、潭、瀑布、泉等；流线型水体是指构成水体的外形轮廓自然流畅，具有一定的运动感。拟自然式水体多采用动水的形式形成流动、跌落、喷涌等各种水体形态，水位可固定也可变化，结合水岸处理能形成各种不同的水体景观。自然式水体的驳岸为各种自然曲线的倾斜坡度，且多为自然山石驳岸。

3. 混合式水体

混合式水体是规则式水体与自然式水体有机结合的一种水体类型，富于变化，具有比规则式水体更灵活自由又比自然式水体易于与建筑空间环境相协调的优点。

（三）水体对园林环境的作用

1. 水体的基底作用

大面积的水体视域开阔、坦荡，有托浮岸畔和水中景观的基底作用。当进行大面积的水体景观营造时，要利用大水面的视线开阔之处，利用水面的基底作用，在水面的陆地上充分营造其他非水体景观，并使之倒映在水中。而且要将水中的倒影与景物本身作为一个整体进行设计，综合造景，充分利用水面的基底作用。

2. 水体的系带作用

在园林中，利用线型的水体将不同的园林空间、景点连接起来，形成一定的风景序列或者利用线型水体将散落的景点统一起来，充分发挥水体的系带作用来创建不同的水体景观。

3. 水体的焦点作用

部分水体所创造的景观能形成一定的视线焦点。动态水景如喷泉、跌水、水帘、水墙、壁泉等，其水的流动形态和声响均能吸引游人的注意力。设计时，要充分发挥此类水景的焦点作用，形成园林中的局部小景或主景。用作焦点的水景，在设计中除处理好水景的比例和尺度外，还要考虑水景的布置地点。

（四）水体造景的手法与要求

水景的设计是景观设计的难点。首先它需要根据园林的不同性质、功能和要求，结合水体周围的其他园林要素，如水体周围的温度、光线等自然因素进行设计，否则会直接影响水体景观的观赏效果；其次是综合考虑工程技术、景观的需要等确定园林中水体采用何种布局手法，确定水体的大小等，创造不同的水体景观。因此，水景的设计通常是一个园林设计成败的关键点之一。水景的设计主要是水质和水形的设计。

1. 水质

水域风景区的水质要根据《地表水环境质量标准》安排不同的功能设计。水体设计对水质有较高的要求，如游泳池、戏水池，必须以沉淀、过滤、净化措施或过滤循环方式保持水质或定期更换水体。绝大部分的喷泉和水上世界的水景设计必须构筑防水层，与外界隔断。要对水体采取相应的保护措施，保证水量充足，达到景观设计要求。同时，要注意水的回收再利用，非接触性娱乐用水与接触性娱乐用水对水质的要求有所不同。

2. 水形

水形是水在园林中的应用和设计。根据水的类型及在园林中的应用，水形可分为点式水体、线式水体和面式水体三种形式。

（1）点式水体。点式水体主要有喷泉和壁泉。

①喷泉

喷泉又名喷水，是利用泉水向外喷射而供观赏的重要水景，常与水池、雕塑同时设计，起装饰和点缀园景的作用。喷泉的类型有地泉，涌泉，山泉，间歇泉，音乐喷泉，光控、声控喷泉等。喷泉的形式也很多，主要有喷水式、溢水式、溅水式等。

喷泉无维度感，要在空间中标志一定的位置，必须向上突起呈竖向线性的特点。一是要因地制宜，根据现场地形结构，仿照天然水景制作而成，如壁泉、涌泉、雾泉、管流、溪流、瀑布、水帘、跌水、水涛、漩涡等。二是完全依靠喷泉设备人工造景。这类水景近年来在建筑领域广泛应用，发展速度很快，种类繁多，有音乐喷泉、声控喷泉、摆动喷泉、跑动喷泉、光亮喷泉、游乐喷泉、超高喷泉、激光水幕电影等。

喷泉宜设置在人流集中处，一般在主轴线或透视线上，如建筑物前方或公共建筑物前庭中心、广场中央、主干道交叉口、出入口、正副轴线的交点上、花坛组群等园林艺术的构图中心，常与花坛、雕塑组合成景。

②壁泉。壁泉严格来说也是喷泉的一种，壁泉一般设置于建筑物或墙垣的壁面，有时设置于水池驳岸或挡土墙上。壁泉由墙壁、喷水口、承水盘和贮水池等几部分组成。墙壁一般为平面墙，也可内凹做成壁龛形状。喷水口多用大理石或金属材料雕成龙、狮子等动物形象，泉水由动物口中吐出喷到承水盘中然后由水盘溢入贮水池内。墙垣上装置壁泉，可破除墙面平淡单调的气氛，因此它具备装饰墙面的功能。

在造园构图上常把壁泉设置在透视线、轴线或者园路的端点，故又具备刹住轴线冲力和引导游人前进的功能。

（2）线式水体。线式水体有表示方向和引导的作用，有联系统一和隔离划分空间的功能。沿着线性水体安排的活动可以形成序列性的水景空间。

①溪、涧和河流。溪、涧和河流都属于流水。在自然界中，水源自源头集水而下，到平地时，流淌向前，形成溪、涧及河流水景。溪、涧的水面狭窄而细长，水因势而流，不受拘束。水口的处理应使水声悦耳动听，使人犹如置身于真山真水之间。设计溪、涧时，源头应做隐蔽处理。

溪、涧、河流、飞瀑、水帘、深潭的独立运用或相互组合，巧妙地运用山体，建造岗、峦、洞壑，以大自然中的自然山水景观为蓝本，采取置石、筑山、叠景等手法，将从山上流下的清泉建成蜿蜒流淌的小溪或建成浪花飞溅的涧流等，如苏州的虎跑泉等。在平面设计上，应蜿蜒曲折，有分有合，有收有放，构成大小不同的水面或宽窄各异的河流。在立面设计上，随地形变化形成不同高差的跌水。同时，应注意河流在纵深方面上的藏与露。

②瀑布。瀑布是由水的落差形成的，属于动水。瀑布在园林中虽用得不多，但它的特点鲜明，既充分利用了高差变化，又使水产生动态之势。例如，把石山叠高，下挖成潭，水自高往下倾泻，击石四溅，俨如千尺飞流，震撼人心，令人流连忘返。

瀑布由五个部分构成：上游水流、落水口、瀑身、受水潭、下游泄水。瀑布按形态不同，可分为直落式、叠落式、散落式、水帘式、喷射式；按瀑布的大小，可分为宽瀑、细瀑、高瀑、短瀑、涧瀑等。人工创造的瀑布景观是模拟自然界中的瀑布，应按照园林中的地形情况和造景的需要，创造不同的瀑布景观。

③跌水。跌水有规则式跌水和自然式跌水之分。所谓规则式跌水，就是跌水边缘为直线或曲线且相互平行，高度错落有致使跌水规则有序。而自然式跌水则不必一定要平行整齐，如泉水从山体自上而下三叠而落，连成一体。

（3）面式水体。面式水体主要体现静态水的形态特征，如湖、池、沼、井等。面式水体常采用自然式布局，沿岸因境设景，可在适当位置种植水生植物。

①湖、池。湖属于静水，在园林中可利用湖获取倒影，扩展空间。湖体设计主要包括湖体的轮廓设计，以及用岛、桥、矶、礁等来分隔而形成的水体景观。

园林中常以天然湖泊作为面式水体，尤其是在皇家园林中，此水景有一望千顷、海阔天空之气派，构成了大型园林的宏旷水景。而私家园林或小型园林中的水体面积较小，其形状可方可圆、可直可曲，常以近观为主，不可过分分隔，故给人古朴、野趣的感觉。园林中的水池面积可大可小，形状可方可圆，水池除本身外形轮廓的设计外，与环境的有机结合也是水池设计的重点。

②潭、滩。潭一般与峭壁相连，水面不大，深浅不一。大自然之潭周围峭壁嶙峋，俯瞰气势险峻，好似万丈深渊。庭园中潭之创作，岸边宜叠石，不宜披土。光线处理宜荫蔽浓郁，不宜阳光灿烂。水位标高宜低下，不宜涨满。水面集中而空间狭隘是渊潭的创作要点。

滩的特点是水浅而与岸高差很小。滩景可结合洲、矶、岸等，潇洒自如，极富自然。

③岛。岛一般是指突出水面的小土丘，属块状岸型。常用的设计手法是岛外水面萦回，折桥相引；岛心立亭，四面配以花木景石，形成庭园水局之中心，游人临岛眺望，可遍览周围景色。该岸型与洲相仿，但体积较小，造型也很灵巧。

④堤。堤用以分隔水面，属带形岸型。在大型园林中，如杭州西湖苏堤，既是园林水局中的堤景，又是诱导眺望远景的游览路线。庭园里用小堤做景的，多做庭内空间的分割，以增添庭景之情趣。

⑤矶。矶是指突出于水面的湖石，属点状岸型。位于池中的矶常暗藏喷水龙头，自湖中央溅喷成景，也有用矶做水上亭榭衬景的。

随着现代园林艺术的发展，水景的表现手法越来越多，它活跃了园林空间，丰富了园林内涵，美化了园林的景致。正是理水手法的多元化，才表达出了园林中水体景观的无穷魅力。

（五）水体设计的驳岸处理

水体设计必须建造驳岸，并根据园林总体设计中规定的平面线形、竖向控制点、水位和流速进行设计。水体驳岸多以常水位为依据，岸顶距离常水位差不宜过大，应兼顾景观、安全与游人近水心理。设计时，应从功能需要出发，确定地形的竖向起伏。例如，划船码头宜平直，游览观赏宜曲折，蜿蜒临水。还应防止水流冲刷驳岸工程设施。水深应根据原地形和功能要求而定，无栏杆的人工水池、河湖近岸的水深应为 0.5~1.0 m，汀步附近的水深应为 0.3~0.6 m。驳岸的处理主要有以下两种形式。

1.素土驳岸

岸顶至水底坡度小于 100% 的，应采用植被覆盖；坡度大于 100% 的，应有固土和防冲刷的技术措施。地表径流的排放及驳岸水下部分处理应符合相关标准和要求。

2. 人工砌筑或混凝土浇筑的驳岸

应符合相关规定和要求，如寒冷地区的驳岸基础应设置在冰冻线以下，并考虑水体及驳岸外侧土体结冻后产生的冻胀对驳岸的影响，需要采取的管理措施应在设计文件中注明。驳岸地基基础设计应符合《建筑地基基础设计规范》（GB 50007—2011）的规定。应采取工程措施加固驳岸，其外形和所用材料的质地、色彩均应与环境协调。

二、园林水景观的设计原则

（一）整体优化原则

景观是由一系列生态系统组成的，具有一定结构与功能的整体。在水生植物景观设计时，应把景观作为一个整体单位来思考和管理。除了水面种植水生植物外，还要注重水池、湖塘岸边耐湿乔灌木的配置，尤其要注意落叶树种的栽植，尽量减少水边植物的代谢产物，以达到整体最佳状态，实现优化利用。

（二）多样性原则

景观多样性是描述生态镶嵌式结构的拼块的复杂性、多样性。自然环境的差异会促成植物种类的多样性而实现景观的多样性。景观的多样性还包括垂直空间环境差异而形成的景观镶嵌的复杂程度。这种多样性通常通过不同生物学特性的植物配置来实现，还可通过多种风格的水景园、专类园的营造来实现。

（三）景观个性原则

每个景观都具有与其他景观不同的个性特征，即不同的景观具有不同的结构与功能，这是地域差异客观规律的要求。应根据不同的立地条件、不同的周边环境选用适宜的水生植物，结合瀑布、叠水喷泉、游鱼、水鸟、涉禽等动态景观呈现各具特色又丰富多彩的水体景观。

（四）遗留地保护原则

遗留地保护原则即保护自然遗留地内的有价值的景观植物，尤其是富有地方特色或具有特定意义的植物，应当充分加以利用和保护。

（五）综合性原则

景观是自然与文化生活系统的载体，景观生态规划需要运用多学科知识，综合多种因素，满足人类各方面的需求。水生植物景观不仅具有观赏和美化环境的功能，其丰富的种类和用途还可作为科学普及、增长知识的活教材。

三、依水景观的设计

依水景观是园林水景设计中的一个重要组成部分，水的特殊性决定了依水景观的异样性。在探讨依水景观的审美特征时，要充分把握水的特性以及水与依水景观之间的关系。利用水体丰富的变化形式，可以形成各具特色的依水景观。在园林小品中，亭、桥、榭、舫等都是依水景观中较好的表现形式。

（一）依水景观的设计形式

1. 水体建亭

水面开阔舒展，明朗流动，有的幽深宁静，有的碧波万顷，情趣各异。为突出不同的景观效果，一般在小水面建亭宜低邻水面，以细察涟漪；而在大水面，碧波坦荡，亭宜建在临水高台上，以观远山近水，舒展胸怀。

一般临水建亭，有一边临水、多边临水、完全伸入水中及四周被水环绕等多种形式，在小岛上、湖心台基上、岸边石矶上都是临水建亭之所。在桥上建亭，更使水面景色锦上添花，并增加水面空间层次。

2. 水面设桥

桥是人类跨越山河天堑的技术创造，给人带来生活的进步与交通的方便，自然能引起人的美好联想，故有"人间彩虹"的美称。在中国自然山水园林中，地形变化与水路相隔，非常需要桥来联系交通，沟通景区，组织游览路线，其以造型优美、形式多样而成为园林中重要造景建筑之一。因此，小桥流水是中国园林及风景绘画的典型景色。在规划设计桥时，桥应与园林道路系统配合，联系游览路线与观景点，注意水面的划分与水路通行与通航，组织景区分隔与联系的关系。

3. 依水修榭

榭是园林中游憩建筑之一，建于水边，《园冶》上记载"榭者，藉也。藉景而成者也。或水边，或花畔，制亦随态"，说明榭是一种借助于周围景色而见长的园林游憩建筑。其基本特点是临水，尤其着重于借取水面景色。榭在功能上除应满足游人休息的需要外，还有观景及点缀风景的作用。最常见的水榭形式是在水边筑一平台，在平台周边以低栏杆围绕，在湖岸通向水面处做敞口，在平台上建起一单体建筑，建筑平面通常是长方形，建筑四面开敞通透或四面做落地长窗。

榭与水的结合方式有很多种。从平面上看，有一面临水、两面临水、三面临水以及四面临水等形式，四周临水者以桥与湖岸相连。从剖面上看平台形式，有的是实心土台，水流只在平台四周环绕；而有的平台下部是以石梁柱结构支撑，水流可流入部分建筑底部，甚至有的可让水流流入整个建筑底部，形成驾临碧波之上的效果。

（二）临水驳岸形式及其特征

园中水局之成败，除一定的水型外，离不开相应岸型的规划和塑造，协调的岸型可使水局景更好地呈现水在庭园中的作用和特色，把旷畅水面做得更为舒展。岸型属园林的范畴，多顺其自然。园林驳岸在园林水体边缘与陆地交界处，为稳定岸壁、保护河岸不被冲刷或水淹所设置的构筑物（保岸），必须结合所在景区园林艺术风格、地形地貌、地质条件、水面形成材料特性、种植设计及施工方法、技术经济要求来选择其建筑结构形式。庭园水局的岸型亦多以模拟自然取胜，我国庭园中的岸型包括洲、岛、堤、矶岸各类形式，不同水型采取不同的岸型。总之，必须极尽自然，以表达"虽由人作，宛若天开"的效果，统一于周围景色之中。

（三）水与动植物的关系

水是植物营养丰富的栖息地，它能滋养周围的植物、鱼和其他野生物。大多数水塘和水池可以饲养观赏鱼类，而较大的水池则是野禽的避风港。鱼类可以自由地生活在溪流和小河中，但溪水和小河更适合植物的生长。池塘中可以培养出茂盛且风格各异的植物，在小溪中精心培育的植物也可被称为真正的建筑艺术。

第三节　园林植物种植规划设计

园林植物指具有形体美或色彩美，适应当地气候和土壤条件，在园林景观中起到观赏、组景、庇荫、分隔空间、改善和保护环境及工程防护等作用的植物。植物是园林中有生命的要素，使园林充满生机和活力，植物也是园林组成要素中最重要的要素。园林植物的种植设计既要考虑植物本身生长发育的特点，又要考虑植物对环境的营造，也就是既要讲究科学性，又要讲究艺术性。

一、园林植物的功能作用

（一）园林植物的观赏作用

园林植物作为园林中一个必不可少的设计要素，本身也是一个独特的观赏对象。园林植物的树形、叶、花、干、根等都具有重要的观赏作用，园林植物的形、色、姿、味也有独特而丰富的景观作用。园林植物群体是独具魅力的观赏对象，大片茂密的树林、平坦而开阔的草坪、成片鲜艳的花卉等都会带给人们强烈的视觉感觉。

园林植物种类丰富，按植物的生物学特性分类，有乔木、灌木、花卉、草坪植物等;按植物的观赏特征分类，有观形、观花、观叶、观果、观干、观根等类型。

（二）园林植物的造景作用

园林植物具有很强的造景作用，植物的四季景观，本身的形态、色彩、芳香、习性等都是园林造景的题材:①园林植物可单独作为主景进行造景，充分发挥园林植物的观赏作用。②园林植物可作为园林其他要素的背景，与其他园林要素形成鲜明的对比，突出主景。园林植物与地形、水体、建筑、山石、雕塑等有机配植，将形成优美、雅静的环境，具有很强的艺术效果。③可利用园林植物引导视线，形成框景、漏景、夹景；利用园林植物分隔空间，增强空间感，达到组织空间的作用。④利用园林植物阻挡视线，形成障景。⑤利用园林植物加强建筑的装饰，柔化建筑生硬的线条。⑥利用园林植物创造一定的园林意境。中国的传统文化赋予了植物一定的人格化。例如，"松、竹、梅"有"岁寒三友"之称，"梅、兰、竹、菊"有"四君子"之称。

二、植物的表现方法

1. 顺应地势，割划空间

植物空间的合理划分，应顺应地形的起伏程度、水面的曲直变化以及空间的大小等各种立地的现实自然条件和欣赏要求而定。欲"抑"则"扬"，欲"扬"则"抑"，故山体突起之地必植高大树木以增其起；相反，伏卧之地则应植低矮灌丛或草坪，以显其伏。同理，若绿地空间以小、阴暗而造就秘密空间，则宜栽植质地粗糙的植物围合空间，而配细致型植被于空间内部以亲近视野。

以植物为主景的园林景观，如若从平面划分绿地，则应以树木的树冠划分立面，形成植物空间。现代风景园林经常用大草坪或疏林划出开阔明朗的空间，并用竹林或小径围合成安逸、私密、柔和的小空间。空间要似连似分、变化多样，方能形成景色各异的整体景观。

在湖泊平原地区造景，要利用植物的高低错落和围合进行层次分隔，以增强水面和空间的深远感。对原有地形，既不可一律保留，又不可过分雕琢；既要处处匠心独运，又不露人工斧凿之痕迹，以达"自成天然之趣，不烦人事之工"的目的。

2. 主次分明，疏落有致

植物配置的空间，无论平面或立面，都要根据植物的形态、高低、大小、落叶或常绿、色彩、质地等，做到主次分明、疏落有致。群体配置要充分发挥不同园林植物的个性特色，但必须突出主题、分清主次，不能千篇一律、平均分配。如用常绿树和落叶树混植造景时，常绿树四季常青、庄严厚重但缺乏变化，而落叶树色彩丰富、轻快活泼而富于变化，但冬景萧条，故欲表达季相变化、突出鲜明的色彩和空灵，应以常绿高大植物作为背景，落叶小巧植物于前，可尽显春光秋色。

对于高矮相差不大的灌木或地被，可以利用地势的起伏，或筑台砌阶，以增强高差，使之错落有致、层次分明。现代植物造景讲求群落景观"师法自然"。植物造景利用乔、灌、草形成树丛、树群时要注意深浅兼有，若隐若现，虚实相生，疏落有致。开朗中有封闭，封闭中有开朗，以无形之虚造有形之实，体现自然环境之美。一般而言，有可借之景，透景线宜稀疏，或以高大枝干成框，或植低矮灌木群落做铺垫；相反，若视线凌乱不堪，则以浓密遮之，即为障景，以达"嘉则收之，俗则屏之"。

3.立体轮廓，均衡韵律

群植景观常讲究优美的林冠线和曲折回荡的林缘线，植物空间的轮廓要有平有直、有弯有曲。

等高的轮廓雄伟浑厚，但平直单调，变化起伏凸凹的轮廓丰富自然，但不可杂乱。不同的曲线应用于不同的意境景观中，行道树以整齐为美，而风景林以自然为美。立体轮廓线可以重复但要有韵律，尤其对于局部景观。自然式园林林缘线要曲折但忌烦琐。而空旷平整之地植树更应参差不齐、前后错落，且讲求树木花草的摆排位置，如孤立树在前，其次为树丛，树林作为屏障在后，中间以花、草连接，层次鲜明而富于变化。

4.环境配置，和谐自然

在风景园林的植物景观设计中，要注意植物与其周围环境、建筑小品及水体等环境的和谐。

（1）建筑与植物造景。建筑与植物的配置是人工与自然美的结合，处理得当，可得和谐一致；处理不当，双方的美都要受到影响。建筑是形态固定的实体，而植物是随季节而变化的。植物丰富的自然色彩、柔美的线条以及优美的风姿会给建筑以美感，使其产生生动活泼而富于季节变化的动势，从而使建筑与自然协调统一起来。园林中的亭、台、楼、榭等不可孤立无助，必加树木花草以点缀、衬托，而所选植物既要求具有一定的色、香、姿等观赏效果，又要有一定的遮蔽效果。

建筑与植物可以互相因借。其配置有两种形式：一是置建筑于丛林之中，二是以植物衬托建筑。无论哪一种，建筑与植物在色彩、体量上都应取得和谐统一。立面庄严、体形大、视野宽阔的建筑周围应植以树干粗、枝散、树冠开张的树木；而结构细巧、玲珑、精美的建筑或小品周围则应选叶小枝纤、树冠致密的细致型植物。

（2）水体与植物造景。水给人以明净、清澈、亲近、畅快的感觉。从古至今，在风景园林中，总有以水为主的观赏景点，如小桥流水、镜湖秋月、叠山飞瀑等，都构成了优美的可人景观。

园林水体可赏可游可玩，无论何种水体，也无论其为主景、配景或小景，无不借助植物来丰富其景观。水中、水旁的植物姿态、色彩均彰显了水体的美感。水中倒影，波光粼粼、自成景象。当然，水体类型不同，也要求不同的植物配置与之协调。如池岸大树的配置应疏朗，灌丛不可过密，以防遮挡视线。所选植物的枝叶要扶疏柔和，如垂柳、香樟、合欢、七叶树、迎春、海棠及月季等。池岸曲折的宜栽在弯曲处，平直的应退入岸线以内。池旁有亭、榭以及树形优美的植物，如池杉、水松、水杉等，池内不宜多植荷花，以免破坏美丽的倒影。而宽阔水面周围的植物配置应力求简洁。

（3）路径与植物造景。中国园林的路径逶迤曲折，应打破一般行道树的配植格局，两侧不一定栽植同一树种，但必须取得均衡效果。株距、行距应与路旁景物结合，留出透景线，为步移景异创造条件。路口可种植色彩鲜明的孤植树或树丛，或作为对景，或作为标志，起导游作用。

5.季季有景，一季突出

园林植物的显著特色是其变换的季节性景观。可以说，如果运用得当，一年四季都有景可赏。

然而在我国的一些地方，虽然能体现四季有景，但因自然条件因素，只能做到一季或多季突出，如北京就是以春夏为主要的观赏季节，春来百花争艳，夏季绿树成荫，各成特色。

第四节　园林建筑与小品规划设计

园林建筑是指在园林绿地中具有造景功能，同时能供观赏、游览、休息的各类建筑物和构筑物的统称。园林建筑小品指经过设计者艺术加工处理，体量小巧，类型多样，内容丰富多彩的，具有独特的观赏和使用功能的小型建筑设施和园林环境艺术景观。

在园林设计中，园林建筑与小品比起山、水、植物较少受到条件的制约，人工的成分最多，是造园的四个主要要素中运用最为灵活的要素，在园林设计中占有十分重要的地位。随着工程技术和材料科学的发展和人类审美观念的提升，又赋予了园林建筑与小品新的意义，其形式也越来越复杂多样。园林建筑与小品的多样性、时代性、区域性、艺术性，也给园林建筑与小品的设计赋予了新的使命。

一、园林建筑与小品的功能

（一）园林建筑与小品的使用功能

园林建筑与小品是供人们使用的设施，具有使用功能，如休憩、遮风避雨，以及饮食、体育、文化活动等。

（二）园林建筑与小品的景观功能

园林建筑与小品在园林绿地中作为景观起着重要的作用，可作为园林的构图中心，是主景，起到点景的作用，如亭、水榭等；可作为点缀，烘托园林主景，起配景（或辅助）作用，如栏杆、灯等；园林建筑还可分隔、围合或组织空间，将园林划分为若干空间层次；园林建筑也可起到导与引的作用，有序组织游人对景物的观赏。

二、园林建筑与小品的设计原则

园林建筑与小品的艺术布局内容广泛，在设计时应与其他要素结合，根据绿地的要求设计出不同特色的景点，注意造型、色彩、形式等的变化，在具体设计时，应注意遵循以下原则。

（一）满足使用功能的需要

园林建筑与小品的功能是多种多样的，它对游人的作用非常大，可以满足游人浏览时进行的一些活动，缺少了它们将会给游人带来很多不便，如小卖部、圆椅桌、厕所等。

（二）注重造型与色彩，满足造景需要

园林建筑与小品设计灵活多变，不拘泥于特定的框架。首先，可根据需要自由发挥，灵活布局。其布局位置、色彩、造型、体量、比例、质感等均应符合景观的需要，注重园林建筑与小品的造型和色彩，增强建筑与小品本身的美观和艺术性。其次，可利用建筑与小品来组织空间、组织画面、丰富层次，达到良好的效果。

（三）注重园林建筑小品的立意与布局，与绿地艺术形式相协调

园林绿地艺术布局的形式各不相同，园林建筑与小品应与其相协调，做到情景交融。要与各个国家、各个地区的历史、文化等相结合，表达一定的意境和情趣。例如，主题雕塑要具有一定的思想内涵，注重情景交融，表现较强的艺术感

染力。

（四）注重空间的处理，讲究空间渗透与层次

园林建筑小品虽然体量小、结构简单，但其中的墙、花架、园桥等在划分空间、空间渗透以及水面空间的处理上具有一定的作用。因此，要注重园林建筑小品所起的作用，讲究空间的序列变化。

三、园林建筑与小品设计

（一）亭

亭是园林中应用较为广泛的园林建筑，已成为我国园林的象征。亭可满足园林游憩的要求，可点缀园林景色，构成景观；可作为游人休息凭眺之所，可防日晒、避雨淋、消暑纳凉、畅览园林景致，深受游人的喜爱。

1. 亭的形式

亭的形式有很多，按平面形式可分为圆形亭、长方形亭、三角形亭、四角形亭、六角形亭、八角形亭、蘑菇亭、伞亭、扇形亭；按屋顶形式可分为单檐、重檐、三重檐、攒尖顶、歇山顶、平顶；按布置位置可分为山亭、桥亭、半亭、路亭；按组合不同可分为单体式、组合式和与廊墙相结合的形式。现代园林多用水泥、钢木等多种材料，制成仿竹、仿松木的亭，有些山地或名胜地，用当地随手可得的树干、树皮、条石构亭，亲切自然，与环境融为一体，更具地方特色，造型丰富，性格多样，具有很好的效果。

2. 亭的设计

亭在园林中常作为对景、借景、点缀风景用，也是人们游览、休息、赏景的最佳去处。它主要是为了解决人们在游赏活动的过程中驻足休息、纳凉避雨、纵目眺望的需要，在使用功能上没有严格的要求。

亭在园林布局中，其位置的选择极其灵活，不受格局所限，可独立设置，也可依附于其他建筑物而组成群体，更可结合山石、水体、大树等，得其天然之趣，

充分利用各种奇特的地形基址创造出优美的园林意境。

（1）山上建亭。山上建亭丰富了山体轮廓，使山色更有生气。常选择的位置有山巅、山腰台地、悬崖峭峰、山坡侧旁、山洞洞口、山谷溪涧等处。亭与山的结合可以共筑成景，成为一种山景的标志。亭立于山顶可升高视点俯瞰山下景色，如北京香山公园的香炉峰上的重阳阁方亭。亭建于山坡可做背景，如颐和园万寿山前坡佛香阁两侧有各种亭对称布置，甚为壮观。山中置亭有幽静深邃的意境，如北京植物园内拙山亭。山上建亭有的是为了与山下的建筑取得呼应，共同形成更美的空间。只要选址得当、形体合宜，山与亭相结合就能形成特有的景观。颐和园和承德避暑山庄全园大约有 1/3 数量的亭子建在山上，收到了很好的效果。

（2）临水建亭。水边设亭，一方面是为了观赏水面的景色，另一方面也可丰富水景效果。临水的岸边、水边石矶、水中小岛、桥梁之上等都可设亭。水面设亭一般应尽量贴近水面，宜低不宜高，可三面或四面临水。凸出水中或完全凌驾于水面之上的亭，也常立基于岛、半岛或水中石台之上，以堤、桥与岸相连。为了造成亭子漂浮于水面的感觉，设计时还应尽可能把亭子下部的柱墩缩到挑出的底板边缘的后面或选用天然的石料包住混凝土柱墩，并在亭边的沿岸和水中散置叠石，以增添自然情趣。

水面设亭的体量大小主要依它所面对的水面的大小而定。位于开阔湖面的亭子尺度一般较大，有时为了强调一定的气势和满足园林规划的需要，还把几个亭子组织起来，成为亭子组群，形成层次丰富、体形变化的建筑形象，给人以强烈的印象。

（3）平地建亭。平地建亭，位置随意，一般建于道路的交叉口上、路侧林荫之间。有的被一片花木山石所环绕，形成一个小的私密性空间环境；有的在自然风景区的路旁或路中筑亭作为进入主要景区的标志，充分体现了休息、纳凉和游览的作用。

3.亭与植物结合

亭与园林植物结合通常能产生较好的效果。亭旁种植的植物应有疏有密，精心配置，不可壅塞，要有一定的欣赏、活动空间。山顶植树更需留出从亭往外看的视线。

4.亭与建筑的结合

亭可与建筑相连，也可与建筑分离，作为一个独立的单体存在。把亭置于建筑群的一角，会使建筑组合更加活泼生动。亭还经常设立于密林深处庭院一角、花间林中、草坪中、园路中间以及园路侧旁等平坦处。

（二）廊

廊是有顶盖的游览通道。廊具有联系功能，可将园林中各景区、景点连成有序的整体；廊可分隔并围合空间；廊可调节游园路线；廊还有防雨淋、躲避日晒的作用，形成休憩、赏景的佳境廊。

1.廊的形式

廊根据立面造型，可分为空廊（双面空廊）、半廊（单面空廊）、复廊、双层廊（又称复道阁廊）等；根据平面形式，可分为直廊、曲廊（波折廊）和回廊；根据位置不同，可分为平地廊、爬山廊和水廊。

2.廊的设计

在园林的平地、水边、山坡等各种不同的地段上都可建廊。在不同的地形与环境下，其作用及要求也各不相同。

（1）平地建廊。平地建廊常在草坪一角、休息广场中、大门出入口附近，也可沿园路、用来覆盖园路或与建筑相连等。

（2）水边或水上建廊。水边或水上建廊一般称为水廊，供欣赏水景及联系水上建筑之用，形成以水景为主的空间。

（3）山地建廊。供游山观景和联系山坡上下不同标高的建筑物之用，也可借以丰富山地建筑的空间构图。爬山廊有的位于山之斜坡，有的依山势蜿蜒转折而上。

（三）榭

榭是园林中游憩建筑之一，建于水边，故也称水榭。榭一般借助周围景色而建成，面山对水，望云赏月，借景而生，供观景和休息用。

1.榭的形式

榭依照自然环境的不同有各种形式。它的基本形式是在水边架起一个平台，平台一半伸入水中（将基部石梁柱伸入水中，上部建筑形体轻巧，似凌驾于水上），一半架立于岸边，平面四周以低平的栏杆相围绕，然后在平台上建起一个单体建筑物，其临水一侧特别开敞，成为人们在水边的一个重要休息场所。例如，苏州拙政园的"芙蓉榭"、网师园的"濯缨水阁"等。榭与水体的结合方式有多种，有一面临水、两面临水、三面临水以及四面临水（有桥与湖岸相接）等形式。

2.榭的设计

水榭位置宜选择在水面有景可借之处，同时要考虑对景、借景的安排，建筑及平台尽量低临水面。如果建筑或地面离水面较高，可将地面或平台做下沉处理，以取得低临水面的效果。榭的建筑要开朗、明快，要求视线开阔。

（四）舫

舫是建于水边的船形建筑，主要供人们在内游玩、饮宴、观赏水景。舫一般由三部分组成：前舱较高，设坐槛、椅靠；中舱略低，筑矮墙；尾舱最高，多为两层，用于远眺，内有梯直上。舫的前半部多三面临水，船首一侧常设有平桥与岸相连，仿跳板之意。通常下部船体用石建，上部船舱则多为木结构。由于舫像船但不能动，故名"不系舟"，也称旱船。例如，苏州拙政园的"香洲"、怡园的"画舫斋"，北京颐和园的石舫等都是较好的实例。

舫的选址宜在水面开阔处，既可使视野开阔，又可使舫的造型较完整地体现出来，并注意水面的清洁，避免设在容易积污垢的水区。

（五）花架

花架是攀缘植物攀爬的棚架，又是人们消夏、避暑的场所。花架的形式主要有单片花架、独立花架、直廊式花架、组合式花架。

花架在造园设计中通常具有亭、廊的作用。做长线布置时，就像游廊一样能发挥建筑空间的脉络作用，形成导游路线。同时，可用来划分空间，增加风景的深度。做点状布置时，就像亭子一样，形成观赏点。

在花架设计的过程中，应注意环境与土壤条件，使其适应植物的生长要求。在没有植物的情况下，花架也具有良好的景观效果。

（六）园门、园窗、园墙

1. 园门

园门有指示导游和点缀装饰作用。园门形态各异，有圆形、六角形、八角形、横长、直长、桃形、瓶形等形状。如在分隔景区的院墙上，常用简洁而直径较大的圆洞门或八角形洞门，便于人通行；在廊及小庭院等小空间处所设置的园门，多采用轻巧玲珑的形式，同时门后常置以峰石、芭蕉翠竹等构成优美的园林框景或对景。

2. 园窗

园窗一般有空窗和漏窗两种形式。空窗是指不装窗扇的窗洞，它除能采光外，常作为框景，与园门景观设计相似，其后常设置石峰、竹丛、芭蕉之类，通过空窗形成一幅幅绝妙的图画，使游人不断获得新的画面感受。空窗还有使空间相互渗透、增加景深的作用。它的形式有很多，如长方形、六角形、瓶形、圆形、扇形等。

漏窗可用以分隔景区空间，使空间似隔非隔，景物若隐若现，达到虚中有实、实中有虚、隔而不断的艺术效果。漏窗窗框形式繁多，有长方形、圆形、六角形、八角形、扇形等。

3.园墙

园墙在园林建筑中一般是指围墙和屏壁（照壁），也称景墙。它们主要用于分隔空间，丰富景致层次及控制、引导游览路线等，是空间构图的一项重要手段。园墙的形式很多，如云墙、梯形墙、白粉墙、水花墙、漏明墙、虎皮石墙等。园墙也可做背景。园墙的色彩、质感既要有对比，又要协调；既要醒目，又要调和。

（七）雕塑

雕塑是指具有观赏性的小品雕塑，以观赏和装饰为主。它不同于一般的大型纪念性雕塑。园林绿地中的雕塑有助于表现园林主题、点缀装饰风景、丰富游览内容的作用。

1.雕塑类型

雕塑按性质不同，可分为：纪念性雕塑，多布置在纪念性园林绿地中；主题性雕塑，有明确的创作主题，多布置在一般园林绿地中；装饰性雕塑，以动植物或山石为素材，多布置在一般园林绿地中。按照形象不同，雕塑可分为人物雕塑、动物雕塑、抽象雕塑、场景雕塑等。

2.雕塑的设计

雕塑一般设立在园林主轴线上或风景透视线的范围内，也可将雕塑建立于广场、草坪、桥畔、山麓、堤坝旁等。雕塑既可孤立设置，也可与水池、喷泉等搭配。有时，雕塑后方可密植常绿树丛，作为衬托，使所塑形象更加鲜明突出。

园林雕塑的设计和取材应与园林建筑环境相协调，要有统一的构思，使雕塑成为园林环境有机的组成部分。雕塑的平面位置、体量大小、色彩、质感等方面都要在综合考虑后确定。

第三章　园林种植设计基本形式

对于园林种植设计，众说纷纭，总结起来而言，园林种植设计指的就是根据园林总体设计的布局要求和艺术性、科学性的原则，充分运用各个品种的园林植物将各种植物类型进行布置和安排的过程与方法。简单来说，园林种植设计就是将植物种植类型进行布置和营造的方法与过程。基于此，本章将对风景园林种植设计基本形式进行分析。

第一节　种植设计的基本原则

园林植物在进行设计的时候不仅要遵循生态学原理，根据植物自身的生态要求进行因地制宜的设计，还要结合美学原理，兼顾生态美学和人文美学，师法自然是设计的前提，胜于自然是从属要求。园林植物资源丰富，应采用美学原理，把每种植物恰当地运用在园林中，充分展示植物本身特色，在营造良好生态景观的同时，还要形成景观上的视觉冲击。因此，园林中植物设计不同于林学上的植物栽植，而是有其独特的要求。

一、"适地适树"，以场地性质和功能要求为前提

园林植物的设计要从园林场地的性质和功能出发。在园林中，植物是园林灵魂的体现，植物使用的地方很多，使用的方式也很多，针对不同的地段，针对不同的地块，都有着具体的园林设计功能需求。

街道绿地是园林设计中比较常见的，针对街道，首先要解决的是荫蔽，用行

道树制造一片绿荫，达到供行人避暑的目的；同时还要考虑运用行道树来组织交通，注意行车时对视线遮挡的实际问题，以及整个城市的绿化系统统一美化的要求。公园是园林不可或缺的一部分，在公园设计中一般有可供大量游人活动的大草坪或者广场，以及避暑遮阴的乔灌木、密林、疏林、花坛等实用的观赏植物群。工厂绿化在日益发达的工业发展中，逐步被人所重视，它涉及工厂的外围防护、办公区的环境美化，以及休息绿地等板块。

园林植物的多样性导致各种植物生长习性的不同，如喜光、喜酸性土壤、喜中性土壤、喜碱性土壤、喜干燥、喜水湿、喜长日照或短日照植物等。根据"物竞天择，适者生存"的理念，在园林场地与植物生长习性相悖的情况下，植物往往会生长缓慢，表现出各种病状，最终会逐渐死亡。因此，在植物种植设计时，应当根据园林绿地各个场地进行实地考察，在光照、水分、温度以及风力等实际方面多做工作，参照乡土植物，合理选取、配置相应物种，使各种不同习性的植物能在相对较适应的地段生长，形成生机盎然的景观效果。

本土植物是指产地在当地或起源于当地的植物，即长期生存在当地的植物种类。这类植物在当地经历了漫长的演化过程，最能够适应当地的生境条件，其生理遗传、形态特征与当地的自然条件相适应，具有较强的适应能力。它是各个地区最适合用于绿化的树种，可以有效提高植物的存活率和自然群落的稳定性，做到适地适树。同时，乡土植物是最经济的树种，运输管理费用相对较低，也是体现当地风貌的最佳选择。

二、以人为本的原则

任何景观都是为人设计的，但人的需求并非完全是对美的享受，真正的以人为本应当首先满足人作为使用者的最根本的需求。植物景观设计亦是如此，设计者必须掌握人们的生活和行为的普遍规律，使设计能够真正满足人的行为感受和需求，即必须实现其为人服务的基本功能。但是，有些决策者为了标新立异，把大众的生活需求放在一边，植物景观设计缺少了对人的关怀，走上了"以我为本"的歧途，如禁止入内的大草坪、地毯式的模纹广场，进入不但要接受烈日暴晒，还缺乏私密空间，人们只能望园兴叹。因此，植物景观的设计必须符合人的心理、生理、感性和理性需求，把服务和有益于"人"的健康和舒适作为植物景观设计的根本，体现以人为本，满足居民"人性回归"的渴望，力求创造环境宜人，景色引人，为人所用，尺度适宜，亲切近人，营造人景交融的亲情环境。

三、植物配置的多样性原则

根据遗传基因的多样性，园林植物有着太多的选择方式。但是，植物的多样性充分体现了当地植物品种的丰富性和植物群落的多样性。各种植物在自身适宜环境下生长、发育繁殖，都会有其独特的形态特征和观赏特点。就木本而言，每一种树木在花、叶、果、枝干、树形等方面的观赏特性都不相同。例如，罗汉松、马褂木以观叶为主；樱花、碧桃以观花为主；金橘以观果为主；龙爪槐、红瑞木以观赏枝干为主，柏树类以观赏树形为主，也用于陵墓，以塑造庄严气氛。在城市园林中，由于有大量高大建筑，通常情况下，需要选用多种园林观赏植物来形成丰富多彩的园林绿地景观，提高园林绿地的艺术水平和观赏价值，优化城市绿化系统。

选用多种植物可以对城市不同地段的光照、水分、土壤和养分等多种生态条件进行合理的利用，以获得良好的生态效益。植物的正常生长需要一定的适宜条件，在城市中，光照、空气湿度及土壤的水分、肥力、酸碱性等条件有很大的差异，因此，仅用少数几种植物满足不了不同地段的各种立地条件。选用多种植物就有了多种环境条件的契合，可以用相宜植物进行搭配，如在高层建筑的小区中，住宅楼的北面是背阴面，在地面上一般不容易形成绿化地块，需选用耐阴的乔木、灌木、藤本及草本进行绿化。城市绿化还要考虑植物覆盖率以及单位面积植物活体量和叶面积指数，使用多种植物进行绿化，可以有效提高以上参数；同时还可以增加居住区内绿地，实现净化空气、消减噪声、改善小环境气候等功能。

在植物绿化种植设计中，以各种植物有其不同的功能为依据，可以根据绿化的功能要求和立地条件选择种植适宜的园林植物。例如，在需要遮挡太阳暴晒的地段，可配置刺桐、喜树等高大乔木；在需要组织交通的地段，通常可用小叶女贞、丁香球、红花檵木等灌木绿篱进行分割、处理；在需要安排遮阴乘凉的地段，可以使用小叶榕、桂花、女贞、玉兰等枝叶繁密、分枝点适宜的乔木；在需要攀附的廊架、围栏等独立小品面前，可以种植可观赏的藤本植物，如丁香、藤本月季、紫罗兰、常春油麻藤等；在需要设置亭廊的周围，需要打造出一片属于该处的独特景观，以使游人驻足。

选用多种植物，可以有效防治多种环境污染问题。

第二节　乔灌木种植形式

乔木是营造植物景观的骨干材料，形体高大，枝叶繁茂，生长年限长，景观效果突出，在种植设计中占有举足轻重的地位，能否掌握乔木在园林中的造景功能，将是决定植物景观营造成败的关键。"园林绿化，乔木当家"，乔木体量大，占据园林绿化的最大空间。因此，乔木树种的选择及其种植类型反映了一个城市或地区的植物景观的整体形象和风貌，是种植设计首先要考虑的问题。

灌木在园林植物群落中属于中间层，起着乔木与地面、建筑物与地面之间的连贯和过渡作用。其平均高度基本与人平视高度一致，极易形成视觉焦点，在植物景观营造中具有极其重要的作用，加上灌木种类繁多，既有观花的，也有观叶观果的，更有花果或果叶美者。

根据在园林中的应用目的，乔木大体可分为孤植、对植、列植、丛植、群植、林植和篱植等几种类型。

一、孤植

孤植是指在空旷地上孤立地将一株或几株同一种树木紧密地种植在一起，用来表现单株栽植效果的种植类型。

孤植树在园林中既可做主景展示个体美，也可用于遮阴，在自然式、规则式中均可应用。孤植树主要是表现树木的个体美。如奇特的姿态、丰富的线条、浓艳的花朵硕大的果实等，因此孤植树在色彩、芳香、姿态上要有美感，具有很高的观赏价值。

孤植树的种植地点要求比较开阔，不仅要保证树冠有足够的空间，而且要有比较合适的观赏视距和观赏点。为了获得较清晰的景物形象和相对完整的静态构图，应尽量使视角与视距处于最佳位置。通常垂直视角为 26°~30°、水平视角为 45° 时观景较佳。

适合作为孤植树的植物种类有雪松、白皮松、油松、圆柏、侧柏、金钱松、银杏、槐树、毛白杨、香樟、椿树、白玉兰、鸡爪槭、合欢、元宝槭、木棉、凤凰木、枫香等。

二、对植

对植是指用两株或两丛相同或相似的树，按一定的轴线关系，有所呼应地在构图轴线的左右两边栽植。在构图上形成配景或夹景，很少做主景。

对植多应用于大门的两边、建筑物入口广场或桥头的两旁。例如，在公园门口对植两株体量相当的树木，可以对园门及其周围的景观起到很好的引导作用；在桥头两边对植能增强桥梁的稳定感。对植也常用在有纪念意义的建筑物或景点两边，这时选用的对植树种在姿态、体量、色彩上要与景点的思想主题相吻合，既要发挥其衬托作用，又不能喧宾夺主。例如，广州中山纪念堂前左右对称栽植的两株白兰花，对植于主体建筑的两旁，高大的体量符合建筑体量的要求，常绿的开白花的芳香树种又能体现对伟人的追思和哀悼，寓意万古长青、流芳百世。

两株树的对植包括两种情况：一种是对称式，建筑物前一边栽植一株，而且大小、树种要对称，两株树的连线与轴线垂直并等分；另一种是非对称式，两边植株体量不等或栽植距离不等，但左右是均衡的，多用于自然式。选择的树种和组成要比较近似，栽植时注意避免呆板的绝对对称，但又必须形成对应，给人以均衡的感觉。如果两株体量不一样，可在姿态、动势上取得协调。种植距离不一定对称，但要均衡，如路的一边栽雪松，一边栽月季，体量上相差很大，路的两边是不均衡的，我们可以用加大月季栽植量的办法来达到平衡的效果。对植主要用于强调公园、建筑、道路、广场的出入口，突出它的严整气氛。

三、列植

列植是指乔灌木按一定株行距成排成行地栽植。

列植树种要保持两侧的对称性，当然这种对称并不是绝对的对称。列植在园林中可作为园林景物的背景，种植密度较大的可以起到分隔空间的作用，形成树屏，这种方式使夹道中间形成较为隐秘的空间。通往景点的园路可用列植的方式引导游人视线，但不能对景点造成压迫感，也不能遮挡游人。在树种的选择上要考虑能对景点起到衬托作用的种类，如景点是已故伟人的塑像或纪念碑，列植树种就应该选择具有庄严肃穆气氛的圆柏、雪松等。行列栽植形成的景观比较整齐单纯、气势大，是公路、城市街道广场等规划式绿化的主要方式。

列植的树种要求有较强的抗污染能力，在种植上要保证行车、行人的安全，此外还要考虑树种的生态习性、遮阴功能和景观功能。

列植的基本形式有两种：一是等行等距，从平面上看呈正方形或品字形，它适合于规则式栽植；二是等行不等距，行距相等，但行内的株距有疏密变化，从平面上看是不等边三角形或不等边四边形，可用于规则式或自然式园林的局部，也可用于规划式栽植到自然式栽植的过渡。

四、丛植

丛植通常是由几株到十几株乔木或乔灌木按一定要求栽植而成的。

树丛有较强的整体感，是园林绿地中常用的一种种植类型，它以反映树木的群体美为主，从景观角度考虑，丛植须符合多样统一的原则，所选树种的形态、姿势及其种植方式要多变，不能对植、列植或形成规则式树林。所以要处理好株间、种间的关系。整体上要密植，像一个整体，局部又要疏密有致。树丛作为主景时四周要空旷，有较为开阔的观赏空间和通透的视线，或栽植点位置较高，使树丛主景突出。树丛栽植在空旷草坪的视点中心上，具有极好的观赏效果，在水边或湖中小岛上栽植，可作为水景的焦点，能使水面和水体活泼而生动，公园进门后栽植一丛树丛既可观赏又有障景的作用。

树丛与岩石结合，设置于白粉墙前、走廊或房屋的角隅，组成景观是常用的手法。另外，树丛还可作为假山、雕塑、建筑物或其他园林设施的配景。同时，树丛还能做背景，如用雪松、油松或其他常绿树丛做背景，前面配置桃花等早春观花树木或花境均有很好的景观效果。树丛设计必须以当地的自然条件和总的设计意图为依据，用的树种虽少，但要选得准，以充分掌握其植株个体的生物学特性及个体之间的相互影响，使植株在生长空间、光照、通风，温度、湿度和根系生长发育方面都取得理想效果。

五、群植

群植是由十几株到二三十株的乔灌木混合成群栽植而成的类型。群植可以由单一树种组成，也可由数个树种组成。由于树群的树木数量多，特别是对较大的树群来说，树木之间的相互影响、相互作用会变得很突出，因此在树群的配植和营造中要注意各种树木的生态习性，创造满足其生长的生态条件，在此基础上才能设计出理想的植物景观。从生态角度考虑，高大的乔木应分布在树群的中间，亚乔木和小乔木在树群的外层，花灌木在更外围。要注意耐阴种类的选择和应用。

群植所表现的是群体美，树群应布置在有足够距离的开敞草地上，如靠近林缘的大草坪、宽广的林中空地、水中的小岛屿等。树群的规模不宜过大，在构图上要四面空旷，树群的组合方式最好采用郁闭式，树群内通常不允许游人进入。树群内植物的栽植距离要有疏密的变化，要构成不等边三角形，切忌成行、成排、成带地栽植。

六、林植

凡成片、成块大量栽植乔灌木，以构成林地和森林景观的称为林植。林植多用于大面积公园的安静区、风景游览区或休养区、疗养区以及生态防护林区和休闲区等。林植根据树林的疏密度可分为密林和疏林。

1. 密林

密林的郁闭度为 0.7~1.0，阳光很少能透入林下，所以土壤湿度比较大，经不住踩踏，仅供散步休息，给人以葱郁、茂密、林木森森的景观享受。密林根据树种的组成又可分为纯林和混交林。

（1）纯林由同一树种组成，如油松林、圆柏林、水杉林、毛竹林等。纯林具有单纯、简洁之美，但一般缺少林冠线和季相的变化。为弥补这一缺陷，可以采用异龄树种来造景，同时可结合起伏的地形变化，使林冠线发生变化。林区外缘还可以配植同一树种的树群、树丛和孤植树，以增强林缘线的曲折变化。林下可种植一种或多种花朵华丽的耐阴或半耐阴的草本花卉，或是低矮的开花繁茂的耐阴灌木。

（2）混交林由多个树种组成，是一个具有多层结构的植物群落。混交林季相变化丰富，充分体现质朴、壮阔的自然森林景观，而且抗病虫害能力强。供游人欣赏的林缘部分，其垂直成层构图要十分突出，但又不能全部塞满，以免影响游人观赏。为了使游人深入林地，密林内部有自然路通过，但沿路两旁的垂直郁闭度不宜太大，以减少压抑与恐慌，必要时还可以留出空旷的草坪，或利用林间溪流水体，种植水生花卉，也可以附设一些简单构筑物，以供游人做短暂休息之用。

密林种植，大面积的可采用片状混交，小面积的多采用点状混交，一般不用带状混交，要注意常绿与落叶、乔木与灌木林的配合比例，还有植物对生态因子的要求等。单纯密林和混交密林在艺术效果上各有其特点，前者简洁、后者华丽，两者相互衬托，特点突出，因此不能偏废。从生物学的特性来看，混交密林比单纯密林好，园林中纯林不宜太多。

2. 疏林

疏林的郁闭度为 0.4~0.6，常与草地结合，故又称疏林草地。疏林草地是园林中应用得比较多的一种形式，不论是鸟语花香的春天，浓荫蔽日的夏日，或是晴空万里的秋天，游人总喜欢在林间草地上休息、看书、野餐等，即便在白雪皑皑的严冬，疏林草地仍具有自己的风范。所以，疏林中的树种应具有较高的观赏价值，树冠宜开展，生长要强健，花和叶的色彩要丰富，树枝线条要曲折多变，树干要有欣赏性，常绿树与落叶树的搭配要合适。树木的种植要三五成群，疏密相间，有断有续，错落有致，构图上生动活泼。林下草坪应含水量少，坚韧而耐践踏，游人可以在草坪上活动，且最好秋季不枯黄，疏林草地一般不修建园路，因此应有路可走。

七、篱植

由灌木或小乔木以近距离的株行距密植，栽成单行或双行的，其结构紧密的规则种植形式，称为绿篱。绿篱在城市绿地中起分隔空间屏障视线、衬托景物和防范作用。

1. 篱植的类型

（1）按是否修剪可分为整齐式（规则式）和自然式。

（2）按高度划分。

矮篱：高在 0.5 m 以下，主要作为花坛图案的边线，或道路旁、草坪边来限定游人的行为。矮篱给人以方向感，既可使游人视野开阔，又能形成花带、绿地或小径的构架。

中篱：高为 0.5~1.2 m，是公园中最常见的类型，用作场地界线和装饰。能分离造园要素，但不会阻挡参观者的视线。

高篱：高为 1.2~1.6 m，主要用作界线和建筑的基础种植，能创造完全封闭的私密空间。

绿墙：高在 1.6 m 以上，用作阻挡视线、分隔空间或作为背景，如珊瑚树、圆柏、龙柏、垂叶榕、木槿、枸橘等。

（3）按特点划分。

花篱：由六月雪、迎春、锦带花、珍珠梅、杜鹃花、金丝桃等观花灌木组成，是园林中比较精美的篱植类型，一般多用于重点绿化地段。

叶篱：大叶黄杨、黄杨、圆柏等为最常见的常绿观叶绿篱。

果篱：由紫珠、枸骨、火棘、枸杞、假连翘等观果灌木组成。

彩叶篱：由红桑、金叶榕、金叶女贞、金心黄杨、紫叶小檗等彩叶灌木组成。

刺篱：由枸橘、小檗、枸骨、黄刺玫、花椒、沙棘、五加等植物体具有刺的灌木组成。

篱植的材料宜用小枝萌芽力强、分枝密集、耐修剪、生长慢的树种。对于花篱和果篱，一般选叶小而密、花小而繁、果小而多的种类。

2. 篱植在园林中的作用

篱植除了可用来围合空间和防范外，在规则式园林中还可作为绿地的分界线，装饰道路、花坛、草坪的边线，围合或装饰几何图案，形成别具特点的空间。篱植还是分隔、组织不同景区空间的一种有效手段，通常用高篱或绿墙来屏蔽视线、防风、隔绝噪声，减少景区间的相互干扰。高篱还可以作为喷泉、雕塑的背景。篱植的实用性还体现在屏蔽视线，遮挡土墙与墙基、路基等。

第三节　藤本植物种植形式

植物种植设计的重要功能是增加单位面积的绿量，而藤本植物不仅能提高城市及绿地拥挤空间的绿化面积和绿量、调节与改善生态环境、保护建筑墙面、围土护坡等，同时还可起到分割空间的作用，其对于丰富与软化建筑物呆板生硬的立面效果颇佳。

一、藤本植物的分类

1.缠绕类

枝条能自行缠绕在其他支持物上生长发育，如紫藤、猕猴桃、金银花、三叶木通、素方花等。

2.卷攀类

依靠卷须攀缘到其他物体上，如葡萄、扁担藤、炮仗花、乌头叶蛇葡萄等。

3.吸附类

依靠气生根或吸盘的吸附作用而攀缘的植物种类，如地锦、美国地锦、常春藤、扶芳藤、络石藤、凌霄等。

4.蔓生类

这类藤本植物没有特殊的攀缘器官，攀缘能力比较弱，需人工牵引而向上生长，如野蔷薇、木香、软枝灌木、叶子花、长春蔓等。

二、藤本植物在园林中的应用形式

1.棚架式绿化

选择合适的材料和构件建造棚架，栽植藤本植物，以观花、观果为主要目的，这是园林中最常见、结构造型最丰富的藤本植物景观营造方式。应选择生长旺盛、枝叶茂密的植物材料，对体量较大的藤本植物，棚架要坚固结实。可用于棚架的藤本植物有葡萄、猕猴桃，紫藤、木香等。棚架式绿化多用于庭院、公园、机关、学校、幼儿园、医院等场所，既可观赏，又给人们提供了一个纳凉、休息的理想场所。

2. 绿廊式绿化

将攀缘植物种植于廊的两侧，并设置相应的攀附物，使植物攀缘而上直至覆盖廊顶形成绿廊。也可在廊顶设置种植槽，使枝蔓向下垂挂形成绿帘。绿廊具有观赏和遮阴两种功能，在植物选择上应选用生长旺盛分枝力强、枝叶稠密、遮阴效果好而且姿态优美、花色艳丽的种类。如紫藤、金银花、铁线莲、叶子花、炮仗花等。绿廊既可观赏，廊内又可形成一私密空间，供人们游赏或休息。在绿廊植物的养护管理上，不要急于将藤蔓引至廊顶，注意避免造成侧方空虚，以影响观赏效果。

3. 墙面绿化

把藤本植物通过牵引和固定使其爬上混凝土或砖制墙面，从而达到绿化美化的效果。城市中墙面的面积大，形式多样，可以充分利用藤本植物来加以绿化和装饰，以此打破墙面呆板的线条，柔化建筑物的外观。

墙面绿化应根据墙体的质地、材料、朝向、色彩高度等来选择植物材料。对于质地粗糙、材料强度高的混凝土墙面或砖墙，可选择枝叶粗大、有吸盘、气生根的植物，如地锦、常春藤等；对于光滑的马赛克贴的墙面，宜选择枝叶细小、吸附力强的络石藤；对于表层结构光滑、材料强度低且抗水性差的石灰粉刷墙面，可选择藤本月季、凌霄等。墙面绿化还应考虑墙体的颜色，如砖红色的墙面可选择淡黄色的木香或观叶的常春藤。

4. 篱垣式缘绿化

篱垣式绿化主要用于篱笆、栏杆、铁丝网、矮墙等处的绿化，既具有围墙或屏障的功能，又具有观赏和分割的作用；不仅具有生态效益，使篱笆或栏杆显得自然和谐，并且生机勃勃，色彩丰富。由于篱垣的高度一般较矮，对植物材料的攀缘能力要求不高，因此几乎所有的藤本植物都可用于此类绿化，但具体应用时应根据不同的篱垣类型选用不同的植物材料。

5. 立柱式绿化

城市的立柱包括电线杆、灯柱、廊柱、高架公路立柱、立交桥立柱等，对这些立柱进行绿化和装饰是垂直绿化的重要内容之一。另外，园林中的树干也可作为立柱进行绿化，而一些枯树绿化后可给人老树生花、枯木逢春的感觉，景观效果良好。立柱的绿化可选用缠绕类和吸附类的藤本植物，如地锦、常春藤、三叶木通、南蛇藤、金银花等；对枯树的绿化可选用紫藤、凌霄、西番莲等观赏价值较高的植物种类。

6. 山石—陡坡及裸露地面的绿化

该类绿化能使山石生辉，更富有自然情趣，常用的植物材料有地锦、美国地锦、扶芳藤、络石藤、常春藤、凌霄等。陡坡地段难以种植其他植物，若不进行绿化，一方面会影响城市景观，另一方面会造成水土流失。利用藤本植物攀缘匍匐的生长习性，可以对陡坡进行绿化，形成绿色坡面，既有观赏价值，又能形成良好的固土护坡作用，防止水土流失。藤本植物还是地被绿化的好材料，一些木质化程度较低的种类都可以用作地被植物覆盖裸露的地面，如常春藤，蔓长春花、地锦、扶芳藤、金银花等。

第四节　花卉及地被种植形式

花卉种类繁多、色彩艳丽、婀娜多姿，可以布置于各种园林环境中，是缤纷的色彩及各种图案纹样的主要体现者。园林花卉除了大面积用于地被以及与乔灌木构成复层混交的植物群落外，还常常作为主景，布置成花坛、花境等，极富装饰效果。

一、花坛的应用与设计

花坛的最初含义是在具有几何形轮廓的植床内种植各种不同色彩的花卉，用花卉的群体效果来体现精美的图案纹样，或观赏盛花时绚丽景观的一种花卉种植形式。

花坛通常具有几何形的栽植床，属于规则式种植设计；主要表现的是花卉组成的平面图案纹样或华丽的色彩美，不表现花卉个体的形态美；且多以时令性花卉为主体材料，并随季节更换，以保证最佳的景观效果。

1. 花坛的类型

（1）以表现主题不同分类。

花丛式花坛：主要表现和欣赏观花的草本植物花朵盛开时花卉本身群体的绚丽色彩，以及不同花色种或品种组合搭配所表现出的华丽的图案和优美的外貌。

模纹花坛：主要表现和欣赏由观叶或花叶兼美的植物所组成的精致复杂的平面图案纹样。

标题式花坛：用观花或观叶植物组成具有明确的主题思想的图案，按其表达的主题内容可以分为文字花坛、肖像花坛、象征性图案花坛等。

装饰物花坛：以观花、观叶等不同种类的花卉配植成具有一定实用价值的装饰物的花坛。

立体造型花坛：以枝叶细密的植物材料种植于具有一定结构的立体造型骨架上而形成的一种花卉立体装饰。

混合花坛：不同类型的花坛组合，如花丛花坛与模纹花坛结合，平面花坛与立体造型花坛结合，以及花坛与水景、雕塑等结合而形成的综合花坛景观。

（2）以布局方式分类。

独立花坛：作为局部构图中的一个主体而存在的花坛，所以独立花坛是主景花坛。它可以是花丛式花坛、模纹式花坛、标题式花坛或者装饰物花坛。

花坛群：当多个花坛组合成为不可分割的构图整体时，称为花坛群。

连续花坛群：多个独立花坛或带状花坛，呈直线形排成一列，组成有节奏、有规律的不可分割的构图整体时称为连续花坛群。

2.花坛植物材料的选择

（1）花丛式花坛的主体植物材料。花丛式花坛主要由观花的一、二年生花卉和球根花卉组成，开花繁茂的多年生花卉也可以使用。要求株丛紧密、整齐；开花繁茂，花色鲜明艳丽，花序呈平面开展，开花时见花不见叶，花期长而一致。如一、二年生花卉中的三色堇、雏菊、百日草、万寿菊，金盏菊、翠菊、金鱼草、紫罗兰、一串红、鸡冠花等，多年生花卉中的小菊类、荷兰菊等，球根花卉中的郁金香、风信子、水仙、大丽花的小花品种等都可以用作花丛花坛的布置。

（2）模纹式花坛及造型花坛的主体植物材料。由于模纹花坛和立体造型花坛需要长时期维持图案纹样的清晰和稳定，因此宜选择生长缓慢的多年生植物（草本、木本均可），且以植株低矮、分枝密、发枝强、耐修剪、枝叶细小为宜，最好高度低于10 cm。尤其是毛毡花坛，以观赏期较长的五色草类等观叶植物最为理想，花期长的四季秋海棠、凤仙类也是很好的选材。另外，株型紧密低矮的雏菊、景天类、孔雀草、细叶百日草等也可选用。

3.设计要点

（1）花坛的布置形式。花坛与周围环境之间存在着协调和对比的关系，包括构图、色彩、质地的对比；花坛本身轴线与构图整体的轴线统一，平面轮廓与场地轮廓相一致，风格和装饰纹样与周围建筑物的性质、风格功能等相协调。花坛的面积也应与所处场地面积比例相协调，一般不大于1/3，也不小于1/15。

（2）花坛的色彩设计。花坛的主要功能是装饰性，即平面几何图形的装饰性和绚丽色彩的装饰性。因此在设计花坛时，要充分考虑所选用植物的色彩与环境色彩的对比，花坛内各种花卉间色彩、面积的对比。一般花坛应有主调色彩，其他颜色则起勾画图案线条轮廓的作用，切忌没有主次、杂乱无章。

（3）花坛的造型、尺度要符合视觉原理。当人的视线与身体垂直线形成的夹角不同，视线范围变化很大，并超过一定视角时，人观赏到的物体就会发生变形。因此在设计花坛时，应考虑人视线的范围，保证能清晰地观赏到不变形的平面图案或纹样。如采用斜坡、台地或花坛中央隆起的形式设计花坛，花坛会具有更好的观赏效果。

（4）花坛的图案纹样设计。花坛的图案纹样应该主次分明、简洁美观。忌在花坛中布置复杂的图案或等面积分布过多的色彩。模纹花坛纹样应该丰富和精致，但外形轮廓应简单。由五色草类组成的花坛纹样最细不可少于 5 cm，其他花卉组成的纹样最细不少于 10 cm，常绿灌木组成的纹样最细不少于 20 cm，这样才能保证纹样清晰。当然，纹样的宽窄也与花坛本身的尺度有关，应以与花坛整体尺度协调且在适当的观赏距离内纹样清晰为标准。装饰纹样风格应该与周围的建筑或雕塑等风格一致。标志类的花坛可以各种标记作为图案，但设计要严格符合比例，不可随意更改；纪念性花坛还可以人物肖像作为图案；装饰物花坛可以日晷、时钟、日历等内容为纹样，但需精致准确，常做成模纹花坛的形式。

二、花境的应用与设计

花境是园林中从规则式构图到自然式构图的一种过渡的半自然式的带状种植形式，以体现植物个体所特有的自然美以及它们之间自然组合的群落美为主题。

花境种植床两边的边缘线是连续不断的平行直线或是有几何轨迹可循的曲线，是沿长轴方向演进的动态连续构图；其植床边缘可以有低矮的镶边植物；内部植物平面上是自然式的斑块混交，立面上则高低错落，既展现植物个体的自然美，又表现植物自然组合的群落美。

1.花境的类型

（1）依设计形式分。

单面观赏花境：为传统的种植形式，多临近道路设置，并常以建筑物、矮墙、树丛、绿篱等为背景，前面为低矮的边缘植物，整体上前低后高，仅能从前面观赏。

双面观赏花境：多设置在道路广场和草地的中央，植物种植总体上以中间高两侧低为原则，可供双面观赏。

对应式花境：在园路轴线的两侧广场、草坪或建筑周围设置的呈左右两列式相对应的两个花境。在设计上统一考虑，作为一组景观，多采用拟对称手法，力求富有韵律变化之美。

（2）依花境所用植物材料分。

灌木花境：选用的材料以观花、观叶或观果且体量较小的灌木为主。

宿根花卉花境：花境全部由可露地过冬、适应性较强的宿根花卉组成。

混合式花境：以中小型灌木与宿根花卉为主构成的花境，为了延长观赏期，可适当增加球根花卉或一、二年生时令花卉。

2. 花境植物材料的选择

花境所选用的植物材料通常以适应性强、耐寒、耐旱、当地自然条件下生长强健且栽培管理简单的多年生花卉为主，为了满足花境的观赏性，应选择开花期长或花叶皆美的种类，株高、株形、花序形态变化丰富，以便于形成水平线条与竖直线条的差异，从而形成高低错落有致的景观。种类构成还需色彩丰富，质地有异，花期具有连续性和季相变化，从而使整个花境的花卉在生长期次第开放，形成优美的群落景观。宿根花卉中的鸢尾、萱草、玉簪、景天等均是布置花境的优良材料。

3. 设计要点

（1）花境布置应考虑所在环境的特点。花境适于沿周边布置，在不同的场合有不同的设计形式，如在建筑物前，可以基础种植的形式布置花境，利用建筑作为背景，结合立体绿化，软化建筑生硬的线条；道路旁则可在道路一侧、两侧或中央设置花境，形成封闭式、半封闭式或开放式的道路景观。

（2）花境的色彩设计。花境的色彩主要由植物的花色来体现，同时植物的叶色，尤其是观叶植物叶色的运用也很重要。宿根花卉是色彩丰富的一类植物，是花境的主要材料，也可适当选用球根花卉及一、二年生花卉，使色彩更加丰富。设计花境的色彩可以巧妙地利用不同花色来创造空间或景观效果，如把冷色占优势的植物群放在花境后部，在视觉上有加大花境深度、增加宽度之感；在狭小的环境中用冷色调组成花境，有空间扩大感。在平面花色设计上，如有冷暖两色的两丛花，具相同的株形、质地及花序时，由于冷色有收缩感，若使这两丛花的面积或体积相当，则应适当扩大冷色花的种植面积。

因花色可产生冷、暖的心理感觉，花境的夏季景观应使用冷色调的蓝紫色系花卉，以给人凉爽之意；而早春或秋天用暖色的红橙色系花卉组成花境，以给人温暖之感。在安静休息区设置花境宜多用冷色调花；如果想加强环境的热烈气氛，则可多使用暖色调的花卉。

花境色彩设计中主要有四种基本配色方法：单色系设计、类似色设计、补色设计、多色设计。设计中应根据花境大小选择色彩数量，避免在较小的花境上使用过多的色彩而产生杂乱感。

（3）花境的平面和立面设计。构成花境的最基本单位是自然式的花丛。每个花丛的大小，即组成花丛的特定种类的株数的多少取决于花境中该花丛在平面上面积的大小和该花丛种类单株的冠幅等。进行平面设计时，即以花丛为单位，进行自然斑块状的混植，每斑块为一个单种的花丛。通常一个设计单元以5~10个种类自然式混交组成。各花丛大小有变化，一般花后叶丛景观较差的植物面积宜小些。为使开花植物分布均匀，又不因种类过多造成杂乱，可把主花材植物分为数丛种在花境不同位置，在花后叶丛景观差的植株前方配植其他花卉给予弥补。使用球根花卉或一、二年生草本花卉时，应注意该种植区的材料轮换，以保持较长的观赏期。对于过长的花境，可设计一个演进花境单元进行同式重复演进或两三个演进单元交替重复演进。但必须注意整个花境要有主调、配调和基调，做到多样统一。

花境的设计还应充分体现不同样型的花卉组合在一起形成的群落美。因此，立面设计应充分利用植物的株形、株高、花序及质地等观赏特性，创造出高低错落、丰富美观的立面景观。

三、花丛的应用与设计

花丛是指根据花卉植株高矮及冠幅大小的不同，将数目不等的植株组合成丛配植于阶旁、墙下、路旁、林下、草地、岩隙、水畔等处的自然式花卉种植形式。花丛重在表现植物开花时华丽的色彩或彩叶植物美丽的叶色。

花丛既是自然式花卉配植的最基本单位，也是花卉应用最广泛的形式。花丛可大可小，小者为丛，集丛成群，大小组合，聚散相宜，位置灵活，极富自然之趣。因此，花丛最宜布置于自然式园林环境，也可点缀于建筑周围或广场一角，对过于生硬的线条和规整的人工环境可以起到软化和调和的作用。

1. 花丛花卉植物材料的选择

花丛的植物材料应以适应性强、栽培管理简单且能露地越冬的宿根和球根花卉为主，既可观花，也可观叶或花叶兼备，如芍药、玉簪萱草、鸢尾、百合、玉带草等。栽培管理简单的一、二年生花卉或野生花卉也可以用作花丛等。

2. 设计要点

花丛从平面轮廓到立面构图都是自然式的，边缘不用镶边植物，与周围草地、树木等没有明显的界线，常呈现一种错综自然的状态。

园林中，根据环境尺度和周围景观，既可以单种植物构成大小不等、聚散有致的花丛，也可以两种或两种以上花卉组合成花丛。但花丛内的花卉种类不能太多，要有主有次；各种花卉混合种植，不同种类要高矮有别，疏密有致，富有层次，达到既有变化又有统一。

花丛设计应避免两点：一是花丛大小相等、等距排列，显得单调；二是种类太多、配植无序，显得杂乱无章。

第五节　园林种植景观功能

一、园林种植景观生态功能

随着生活质量的不断提高，人们不再局限于有吃有穿就是好日子的生活理想了，许多人更加希望得到那些原始的自然生活环境。的确，无论从主观上还是科学事实上，生活在较为自然的环境中对人的身体健康有益，身心也会舒畅。而生态园林的到来为人们建造了一个可以欣赏自然、感受自然的平台，从它的多维空间感及特殊的艺术造型方面看，无不体现着美学特征。因此，人工的生态园林，不仅要体现自然的美，更要具有一定的科学性、艺术性。良好的生态园林可以提供良好的观赏效果，同时还可以改善人们的生存环境。

1.增加物种多样性，提升生态园林魅力

每一个生态园林都具有独特的美学价值，对于现在以人为本的现代城市，它无疑给生活在大都市的人们创设了一道空间艺术盛宴，它是结合了审美特征与审美规律的一门生态学科。生态园林景观是人为建设的自然景观，不仅要体现绿化之美，更要将生态园林中的生态多样性发展起来，融入自然，真正体现自然之美。

为了充分地利用现有的自然资源，把要建设的地域美化到最佳状态，我们有必要了解当地的气候、土质等自然状况，为了让建设的生态园林持续地发展下去，就有必要详细地调查以上自然环境特点。在调查好当地的自然情况后，接下来就是选择合适的植物，应根据植物的质地、美观程度、色泽以及种植之后绿化的效果选择几种合适的植物。

现在我国的生态园林正向着自然化、森林化的目标不断前进，而构建在人们生活中的生态园林自然更加贴近人的生活，让人们体会到自然与人的协调发展对人类生活的重要性。自然中的各种植物构建的群落式的自然之美是生态园林的一大特点，建设这样的生态园林是科学与艺术的完美结合。因此对生态园林中植物的选择就很重要，选择合适的植物种类才能使生态园林有好的观赏性和功能性。在选择植物的时候，要考虑到美学价值，找到人们审美观的共同点，建造一个人人都认可的生态园林。为了使我们建设的生态园林完成美与内容的辩证统一，我们需要让静谧的自然展示动态美，使生态园林蕴含静谧之趣。生态园林是以植物造景为主的人工生态系统，不同种类的植物可以为打造一个可持续发展的生态园林创造一个良好的基础，选择合理的植物是营造成功生态园林的关键因素。我们可以利用草本、灌木、乔木等植物自身生理结构的不同，从空间、时间、营养结构上合理地配置植物，规划一个合理的生态园林，并充分展示所用植物的美学价值，在构建生态园林时，植物的种类要尽量丰富，功能要尽量全面，这样才能构建一个美观又富有实际意义的生态园林景观。

生态多样性是评价一个生态园林好坏的重要标准。只有依照不同的生态园林实例，不断引入新的植物，为生态园林增添新色彩，才能开发出具有美学价值的生态园林。群落的多样性取决于物种的多样性，它不仅可以展示出生态群落的观赏价值，还可以强化群落的生存能力，增强物种的抗逆性和恢复能力，多样性的物种构成的植物群落可以更好地丰富生态景观，满足不同人的审美要求，发挥生态群落的作用。

对于城市生态园林的建造工作，要尽量选择当地的植物种类，把当地的树种作为骨干树种，做到植物成活率高，构成可持续发展的生态园林的概率大。在此基础上也不能放弃一些外来植物种类的引进，在避免生物入侵的情况下，积极地引入容易成活的适宜新植物，这样可以使得当地的生态园林景观更具有观赏价值。应合理运用当地的生态资源，发挥当地的自然优势，打造出一片具有当地自然风格的生态园林。另外，要尽量选择适应性强、光合作用能力强、美观大方及枝叶茂盛的植物，这样有助于提高生态效益。在排布植物的位置时，要注意植物的营养生态位，构成一个乔、灌、草合理结合的复合型植物生物群落。

2.促进生态景观的合理化建议理念

城市中的生态园林景观的规划工作要遵循"因地制宜，展现特点，保证效用，不盲目进行"的原则，在建设生态园林之前对所建设城市的历史、人文特点、民俗民风等环境因素进行了解，不能因为建设生态园林而毁坏了城市原有的自然面貌，破坏了城市本来的文化特色。

设计生态园林的时候要把所在地的文化因素考虑进去，保证园林的社会性、生态性、艺术性的统一和谐。要尊重当地的乡土风情，以改善人们的生活环境、改善人文环境为出发点来打造园林。应将当地的自然特点汇集在一起，合理地引入外界的新种类植物，使得已有的生态特点与外界的新颖生态特点相融合，这样可以保证生态园林的物种多样性和持续性。

从乡土植物的优点来看，乡土植物具有成本低廉、便于管理、栽培的特点，并且栽种后的成活率很高，也会较快地与园林中其他乡土生物和谐地生长在一起，所以乡土植物已成为园林中重要的主打植物。种植乡土植物还可以有效地保护那些将要灭绝的植物种类，把它们集中起来管理，有助于阻止因为植物种类的减少而带来的环境问题。绿地的规划要细致，绿地功能分区合理也是生态园林的基本要求之一。只有符合上述标准的生态园林才是现代化的合理园林。

生态园林具有良好的生态功能，它能为人们创造舒适、优美的休闲场所，让人类社会与自然有机地结合在一起。

二、园林种植景观空间功能

植物本身是一个三维实体，是园林景观营造中组成空间结构的主要成分。枝繁叶茂的高大乔木可视为单体建筑，各种藤本植物爬满棚架及屋顶，绿篱整形修剪后颇似墙体，平坦整齐的草坪铺展于水平地面，因此植物也像其他建筑、山水一样，具有构成空间、分隔空间、引起空间变化的功能。

植物造景在空间上的变化也可通过人们视点、视线、视境的改变而产生"步移景异"的空间景观变化。造园中运用植物组合来划分空间，形成不同的景区和景点往往是根据空间的大小，树木的种类姿态、株数多少及配置方式来组织空间景观。

（一）园林种植设计中空间设计要点

一般来讲，植物布局应根据实际需要做到疏密错落有致，在"有景可借"的地方，植物配置要以不遮挡景点为原则，树要栽得稀疏，树冠要高于或低于视线以保持透视性。对视觉效果差、杂乱无章的地方要用植物材料加以遮挡。

大片的草坪地被，四面没有高出视平线的景物屏障，视界十分空旷，空间开朗，极目四望，令人心旷神怡，适于观赏远景。而用高于视平线的乔灌木围合环抱起来，形成闭锁空间，仰角愈大，闭锁性也随之增大。闭锁空间适于观赏近景，感染力强，景物清晰，但由于视线闭塞，容易产生视觉疲劳。所以在园林景观设计中要应用植物材料营造既开阔又有闭锁的空间景观，两者巧妙衔接，相得益彰，使人既不感到单调，又不觉得疲劳。

用绿篱分隔空间是常见的方式，在庭院、建筑物周围，用绿篱四面围合可形成独立的空间，增强庭院建筑的安全性、私密性；公路、街道外侧用较高的绿篱分隔，可阻挡车辆产生的噪声污染，创造相对安静的空间环境；国外还很流行用绿篱做成迷宫，增加园林的趣味性。

1. 园林静态空间布局

园林静态空间布局是指在视点固定的情况下所感受的空间画面。这与绘画具有很大的共同性，这时只有视线所及的四周景物才对空间布局有用，在视线以外的景物可以不予考虑。在以上所说的线性空间、簇空间以及包含空间中，一般说来每个空间的入口或者空间中某些需要游人停留的地方往往需要考虑静态空间的配置和景点的安排。园林静态空间布局一般需要考虑以下要素。

（1）风景透视与视角视距的关系。在园林中不同的视距、不同的视角，会给游人不同的风景感觉。适宜的视距、视角可以起到更好的渲染气氛的作用。一般来说，视力正常的人，在距离景物25 cm处，能够看清各种细节，属于最明视的距离；在距离植物 250~270 m 时，可以辨别出花木的类型。人的眼睛在静止时能看到垂直方向 130°、水平方向 160° 范围内的景物。景物最适视域为：园林中的主景，如建筑、小品、园景树、树丛等，最好能放在游人垂直视角 30° 和水平视角 45° 范围内。所以，在此范围内，应该安排游人停留、休息、欣赏的空间。例如，在草坪中安排雪松作为园景树，则要安排出一定的视距范围，才能让游人不用仰头，直接可以看到雪松优美树姿的全景。不能在小范围空旷草坪中安排较大的园景树，这样游人不能一目了然地观赏树姿，影响了其观赏效果。

在园林中，有时为了营造景物特殊的感染力，还可以把主景树安排在仰视或俯视条件下来观赏。平视时，游人头部比较舒适，此时的感染力是安宁深远的，没有紧张感，所以在安静休息处应该注意树丛与休息点的距离，留出足够空间，甚至营造非常开敞的空间，使游人视线延伸到无穷远的地方。当游人与景物不断接近、仰角超过 13° 时，为了较完整地欣赏景物，必须使头部微微仰起；如果继续接近，景物不能进入垂直视角 26° 范围时，必须抬头仰视；仰角超过 30° 时，显示出愈来愈紧张的感觉，可以突出所观景物的高耸感。这种手法常常用来突出建筑的高大感。当游人视点位置高，景物展开在视点下方时，不得不俯视观察。由山顶俯视山谷，景物位置愈低就显得愈小，给游人一种"登泰山而小天下"的英雄气概，以及征服自然的喜悦感。在中国自然风景当中，常有这种俯视景观，如黄山清凉台和峨眉金顶等。我们称之为俯视景观或鸟瞰画面。

在园林中，可以巧妙创造这种视觉景观与空间，尤其是大型园林和风景林，要很好地利用自然地形的起伏，营造各种空间，形成富于变化的仰视、俯视和平视风景。如杭州宝石山的宝俶塔、玉皇山顶等都是很好的仰视和俯视风景，而平湖秋月、曲院风荷、柳浪闻莺等是很好的平视风景。

（2）园林视觉造景方式。特别需要注意的是，无论哪种视角，在种植时一定要注意布置透景线。透景线两边的植物在景观上起到对景物的烘托作用，所以不能阻隔游人视线，不能在透景范围内栽植高于视点的乔木，而要留出充足的空间位置以表现透视范围的景物。规则式园林在安排透景线时，常与直线的园路、规则的草坪、广场、水面统一起来；自然式园林常与河流水面、园路和草坪统一起来安排，从而使透景线的安排与园林的风格相一致，同时可以避免降低园林中乔木的栽植比例。在非常特殊的场合下，如风景区森林公园，原有树木很多，通过周密的安排，可以疏伐少量衰老或不健康的树木，以达到开辟透景线的作用。

出现局部景色不调和的问题时，常用的手法是"障景"。很多公园绿地用障景的手法变换空间，达到欲扬先抑的目的。比如，花港观鱼公园东入口的种植，就采用树丛种植屏蔽游人的视线，使他们不能入园后一览无余，造成空间明暗的变化，使树丛后的草坪空间显得更加开阔。

夹景：当远景在水平方向上很宽，其中部分景色并不动人，可以利用树丛、地形或建筑等把不动人的景色屏蔽掉，只留适于观赏的远景。

框景：利用类似画框的门、窗、门洞等，把真实的自然风景"框"起来，从而形成画的意境。植物种植中可以利用树丛、灌丛，甚至乔木枝干等形成框景。

2.园林动态空间布局

园林静态空间在园林中并不是孤立的，而是相互联系的，从而形成一种动态变化的空间过渡与转折。游人视点移动，画面立即变化，随着游人视点的曲折起伏而移动，景色也随着变化，这就是我们经常说的"步移景异"。但这种景色变化不是没有规律的，而是必须既有变化又有合乎节奏的规律，有起点、高潮、结束。这时就要考虑动态空间布局。动态空间布局主要应注意以下三方面。

（1）变化与节奏。游人在行进间两侧的景物不断变化，这种连续的风景是有始有终的，是有开始、高潮、结束的多样统一的连续风景。在这个连续的风景营造中，对比和变化的使用可以营造出一种多样性的统一，从而产生节奏感。具体手法如下。

断续：连续风景是需要具有轻重缓急节奏的，否则就会变得单调乏味。连续不断的同一个景物延续下去，尤其是空间营造中林带的延续，就会给人刻板、不生动的感觉,即缺乏节奏感;反之,如果林带有断续,就可能产生节奏感。

起伏曲折:起伏有致,曲折生情。通过起伏和曲折的变化,形成构图的节奏。园林中河流及湖岸都可用曲折来产生节奏,例如,颐和园苏州河两岸的土山和林带富于曲折和起伏,林带由油松构成的林冠线有起有伏,河流两岸的林缘线也有曲折变化,因而沿苏州河走去,感觉构图有动人的节奏。

反复:连续风景中出现的景物不能永远不变,也不能时刻不停地变化,这就要求有些景物在行进间反复出现,既打破了单调,又不致太杂乱无章、失去重点。反复有三种:

第一种是"简单反复",就是同一个体连续出现,如行道树种植等。

第二种是"拟态反复",就是出现的单体具有细微的差别,基本感受一样,但形态或色彩等方面会有少许变化,如一个花丛为玉簪、萱草和紫花鸢尾,另一个花丛为玉簪、射干、黄花鸢尾,以射干代替萱草,产生形态的变化,同时以黄色鸢尾代替紫花鸢尾,也产生色彩的差异,但这两个花丛相似度很高,其反复轮流出现就构成了"拟态反复"。

第三种是"交替反复",就是差别很大的单体反复出现,如一个花丛为玉簪、萱草和紫花鸢尾,另一个花丛为宿根福禄考、景天和漏斗菜。在自然式林带设计中,以不同树种构成的树丛就可以采用以上方式进行种植。

空间开合:游人在园林中行进,有时空间开阔,有时空间闭锁,空间一开一合,可以产生节奏感。

(2)主调、基调与配调。在连续布局中必须由主调贯穿整个布局,拥有统率全局的地位,基调也必须贯穿整个布局,但配调则可以有一定变化。整个布局中,主调必须突出,基调和配调必须对主调起到烘云托月、相得益彰的作用。

如颐和园苏州河两岸的林带以油松、桃花、平基槭、栾树、紫丁香等树种组成的树丛为基本单元,把这个基本单元不断地进行拟态反复。两旁的林带,春天以粉红色的桃花为主调,以紫花的丁香、平基槭、栾树,桃红的新叶为配调,以油松为基调；秋季则以红叶的平基槭为主调，油松为基调，其余为配调；冬季则以油松为主调，其余均为配调；其中油松、平基槭、桃花3个树种必须贯穿于整个苏州河两岸。

（3）季相交替变化。园林植物随着季节的变化而时刻变换着外貌和色彩。植物作为园林空间构图中的主题，由于季相变化，也就引起园林空间面貌的季相变化。这种季相的变化是与园林的功能要求以及艺术节奏相结合的，从而做出多样统一的安排，这就是季相构图。季相变化不仅仅考虑植物的荣枯，还要考虑其叶色、花期、果期、展叶期、落叶期等多方面的生物学特性，从而合理安排植物在所需营造空间中的季相特征。

园林植物从开花到结果，从展叶到落叶，从色彩、光泽和体形都随着时间而不断变化。正是这种变化，在保证基本空间功能的基础上，赋予空间以更多的色彩和体验。每一个园林空间，每一种种植类型，在季相布局上应该各有特色，各有不同的高潮。有的可以春花为高潮（如牡丹、樱花、梅花等主题景区），也可以秋实为高潮。

（二）园林植物种植空间营造的基本手法

运用植物来营造空间的基本原理实际上是利用植物塑造类似建筑的三维空间感。在一定范围内可以利用相应的植物材料塑造出室外的"建筑空间"，如类似建筑的墙面、天花板和地板等，都可以用植物来体现。一般用来营造植物空间的方法有以下几种。

1.围合与分隔

要营造一个有效的植物空间，最基本的方法就是围合——利用植物将空间的垂直面进行围合，起到类似建筑墙面的作用。而围合所用植物材料的质地、色彩、形态、规格决定了创造出的空间的特征。

植物围合出的空间的尺度变化可以很大，从小尺度的庭院到大尺度的公园中的疏林草地，它们都有特定的功能并满足使用者的需求。根据选择的植物材料和种植密度可以形成植物虚空间和实空间。虚空间围合种植密度低，利用稀疏的枝叶形成隐约的空间感；实空间树木紧凑、枝叶繁密，视线被局限在所围合的空间里。围合的程度又决定了创造出的是 1/4 围合空间、半围合空间、3/4 围合空间还是全围合空间。然而，无论创造出的是怎样的围合空间，这种类型的空间总是能够给人带来一定的安定感和神秘感，而且只有为满足一定功能而营造的围合空间才有意义。

利用植物材料不仅可以围合成一定功能的园林空间，而且也可以在景观构成中充当类似建筑物的地面、天花板、墙面等界定和分割空间的因素。

植物在园林中以不同高度和不同种类的地被植物或灌木丛来分隔空间，起到类似建筑屏风的作用，在一定程度上限制游人视线，达到引导游人游览的目的。在垂直面上，植物特别是乔木的树干如同外部空间中建筑物的支柱，以暗示的方式限制着空间，其空间封闭程度随着树干的大小、疏密以及种植形式的不同而变化。植物枝叶的疏密度和分枝高度又影响着空间的闭合感。

2. 覆盖

围合空间是空间垂直而上的围合，而覆盖则是运用植物材料进行平面上的界定，包括地平面及顶平面两种形式。在地平面上，植物以不同高度和不同种类的地被植物来暗示空间的边界，一块草坪和一片地被植物之间的交界处，虽不具有实体性的视线屏障，但却暗示着空间范围的不同。在顶平面上，围合空间通常顶平面与自由的天空相连接，然而覆盖空间的顶平面却是绿色植物。顶平面覆盖的形式、特点、高度及范围对它们所限定的空间特征同样产生明显的影响。

园林里最常见的亭子、楼阁、大棚、廊架都是利用构筑物形成覆盖的方法，而植物材料覆盖，一方面可以选择攀缘植物借助廊架和构筑物的构建来形成，另一方面可以选择具有较大的树冠和遮阴面积的大乔木孤植、对植、丛植、群植来形成。这时的植物犹如室内空间中的天花板或吊顶限制了伸向天空的视线，并影响着垂直面上的尺度。

3.辅助

在园林绿地中，植物元素只是构成空间的因素之一，其他因素如地形、构筑物道路等可以辅助植物形成更加丰富多样的空间类型。园林中的地形因素常常与植物配置不可分割，两者之间的配合设计对构成的空间有着增强或者减弱的作用。高处种高树，低处种矮树，可以加强地势起伏的视觉变化；反之，就减弱和消除了原有地形所构成的空间。又如植物辅助道路边界的界定，无论在城市道路还是园林道路边缘处种植行道树或者用灌木、花境镶边，既起到强化道路边界的效果，又可以分隔空间和构成空间，两旁行道树形成垂直空间或覆盖空间，旁边的绿地形成开放或围合的游憩空间。

（三）园林植物空间的类型

在园林的构成要素中，建筑、山石、水体都是不可或缺的要素，然而，缺少了植物，园林就不可能从宏观上做整体性的空间配置。利用植物的各种天然特征，如色彩、形姿大小、质地、季相变化等，本身就可以构成各种各样的自然空间；根据园林中各种功能的需要与小品、山石、地形等的结合，更能够创造出丰富多变的植物空间类型。下面从形式和功能两个角度出发并结合实例对园林植物构成的空间做具体分类。

1.开放性空间（开敞空间）

园林植物形成的开放性空间是指在一定区域内，人的视线高于四周景物的植物空间，一般在地面上种植低矮的灌木、地被植物花卉及草坪而形成开敞空间。

这种空间没有私密性，是开敞外向型的空间。游人在此种空间活动时，是完全暴露的状态。另外，在较大面积的开阔草坪上，除了低矮的植物以外，有几株高大乔木点缀其中，并不阻碍人们的视线，也为开放性空间。

然而，在庭园中，由于尺度较小，视距较短，四周的围墙和建筑高于视线。开敞空间在开放式绿地、城市公园等园林类型中非常多见，像大草坪、开阔水面等，视线通透，视野辽阔，容易使游人心情舒畅，产生轻松自由的满足感。

2. 半开放性空间（半开敞空间）

半开放性空间是指在一定区域内，四周不完全开敞，而是某些部分用植物阻挡了游人的视线。根据功能和设计需要，开敞的区域有大有小，其共同特征是在开放的范围中种植低矮的植物材料，而在封闭的范围中种植高大的植物材料，并在垂直方向上起到遮挡及封闭视线的作用。从一个开放性空间到封闭空间的过渡就是半开放性空间。这种空间具有一定的私密性，游人在景观中处于半暴露的状态，即不同方向上的通透与遮蔽状态。当然，半开放性空间也可以植物与其以外的园林要素如地形、山石、小品等相互配合，共同完成。半开敞空间的封闭面能够抑制人们的视线，从而引导空间的方向，达到"障景"的效果。如从公园的入口进入另一个区域，设计者常会采用先抑后扬的手法，在开敞的入口某一朝向用植物、小品来阻挡人们的视线，使人们一眼难以穷尽，待人们绕过障景物，进入另一个区域就会豁然开朗、心情愉悦。

3. 冠下空间

冠下空间通常是指树冠下方与地面之间的空间，也称为覆盖空间，通过植物树干的分枝点高低、树冠的浓密来形成空间感。

高大的常绿乔木是形成覆盖空间的良好材料，此类植物不仅分枝点较高、树冠庞大，而且具有很好的遮阴效果，树干占据的空间较小，所以无论是几株、一丛，还是成片栽植，都能够为人们提供较大的树冠下活动空间和遮阴休息的区域。游人的视线在此类空间中水平方向是通透的，但垂直方向是遮蔽的。此外，攀缘植物利用花架、拱门、木廊等攀附在其上生长，也能够构成有效的冠下空间。

4. 封闭空间

封闭空间是指在游人所处的区域内，四周用植物材料封闭，垂直方向用树冠遮蔽的空间。此时游人视距缩短，视线受到制约，近景的感染力加强，景物历历在目，容易产生亲切感、宁静感和安全感。

小庭园的植物配置可以在局部适当地采用这种较封闭的空间造景手法，而在一般性的绿地中，这样小尺度的封闭空间私密性强，视线不通透，适宜于年轻人私语或者人们独处和安静休憩。

5. 竖向空间（垂直空间）

用植物封闭垂直面，开敞顶平面，就形成了竖向空间。分枝点较低、树冠紧凑的中小乔木形成的树列，修剪整齐的高树篱等都可以构成竖向空间。由于竖向空间两侧几乎完全封闭，视线的上部和前方较开敞，极易产生"夹景"效果，以突出轴线景观狭长的垂直空间。

第四章　风景园林建筑设计

风景园林建筑具有观景和景点的双重功能。一方面它为人们提供欣赏风景的场所；另一方面它本身也是一种景观，融于风景环境中成为被欣赏的对象。地形、水体、植物是基本的自然景观要素，它们同风景园林建筑的营建有着密不可分的关系，风景园林建筑从形成之初就应从各个方面将这些自然景观要素纳入建筑空间当中。本章将对风景园林建筑设计的相关内容进行介绍。

第一节　风景园林建筑的发展

一、风景园林建筑的含义、特点、地位及作用

在人类发展的进程中，建筑与城市是最早出现的空间形态，而风景园林建筑的出现要晚得多。由于风景园林建筑始终伴随着建筑与城市的发展而发展，因而早期并没有形成独立的学科体系，各国及各个时期的学科名称、概念、含义、研究范围也不完全统一，直至今日，我国对学科名称仍有争议。

（一）风景园林建筑的概念和含义

1. 概念

在相关著述中曾出现众多与之相关的名词，如风景园林建筑、景园、景园学、景园建筑、景园建筑学、大地景观、景观、景观学、景观建筑学、风景、风景园林、造园、园林、园林学、园囿、苑、圃、庭等。这些名词的含义及内容是否相同，它们之间的区别是什么呢？对于一个学科来说，过多的称谓或名称并无益处，

总结起来原因如下。

（1）各种概念的发展因年代的早晚而不同。

（2）风景师这个职业的内容也随时代的要求而变化，目前在我国由以建筑师为主体的多个相关行业的设计师来充当风景建筑师。

2.含义

第一层含义：景观是美，是理想。人们把自己所看到的最美景象通过艺术手法表现出来，这是景观最早的含义。在西方，景观画的含义最早源于荷兰的风景画，后来又传到英国。它是描绘景色的，是当一个人站在远处看景色时的感受，然后把这种感受画下来，所以画永远不是实景，是加上了人的审美态度之后再表现出来的。景观的概念最早来源是画，一幅风景画是有画框的，而画框是人限定的，是人通过审美趣味提炼出来的。景观一开始就是视觉审美的含义，但人的审美趣味是随着社会发展和经济地位变化而不断变化的，所以人所了解的景色也是不断变化的。

第二层含义：景观是栖息地，是居住和生活的地方。它是人内在生活的体验，是和人发生关系的地方，哪怕是一株草、一条河流或村庄旁的一棵大树。云南的民居充满诗情画意，非常漂亮，那是由于居住在那方土地上的人形成了人和人、人和自然的和谐关系。人要从自然和社会中获取资源，获取庇护、灵感以及生活所需要的一切东西，所以景观就是人和人、人和自然的关系在大地上的烙印。

第三层含义：景观是具有结构和功能的系统。在这个层次上，它与人的情感是没有关系的，而是外在于人情感的东西，其作为一个系统，要求人客观地站在一个与之完全没有关系的角度去研究它。一块土地，当你生活在其中时，那你的研究是客观的，但如果你居住在这片土地上，再去研究它，就不是客观的研究了，因为这块土地已经和你的切身利益发生关系了。一块土地有动物的栖息地，有动物的迁移通道，都需要用科学的方法去研究，用生态的、生物的方法来观察、模拟，以了解这个景观的系统。有一门学科叫"景观学"，实际上是用科学方法研究景观系统，是地理学的一个分支。

第四层含义：景观是"符号"。人们看到的所有东西都有其背后的含义。景观是关于自然与人类历史的书，皖南民居的路、亭子、河流和后面的牌坊群都在讲述着今天和昨天的故事。在华北平原上，哪怕是一条浅沟、一个土堆，都在讲述着历史。城墙、烽火台曾经是金戈铁马，烽火燎原，这些现在看来是不起眼的、留在土地上的痕迹都在讲述着非常生动壮阔的故事。景观是有含义的符号，需要人们去读。最早的文字也源于景观，如山的象形字直接源于山，水的象形字直接源于水。云南丽江纳西族文字中"水"的写法和汉族的是不一样的，汉字的"水"是在一条曲线两侧各有两点，纳西族文字中的"水"则是在这条曲线的端点还有一个圈。而长江或黄河一带早期居民看到的水是没有源头的，虽然说源头在昆仑山，但当时谁也没到过昆仑山。这就是景观不同导致描述的文字不一样。人类最伟大的景观创造莫过于城市。同样的爱和恨也表现在人类对自然及其他生命的态度上。恨之切切，人类把野兽、洪水视为共同的敌人，所以称之为洪水猛兽，因此筑高墙藩篱以拒之；爱之汩汩，人们不惜挖湖堆山，引草木、虎狼入城，如在城里建植物园、动物园，表现了人类对自然的爱。人类所有这些复杂的人性和需求被刻写在大地上，被刻写在某块被称为城市的地方，这就是城市景观。所以，景观需要人们去读、去品味、去体验，正如读一首诗，品味一幅画，体验过去和现在的生活。

第五层含义：景观是土地之"神"。景观需要人们去呵护、去关爱，就像关爱自己和爱人。景观也需要人们去设计、改造和管理，以实现人和自然的和谐。要理解景观、阅读景观，就要呵护它、关怀它、管理它，这就是景观设计学。所以，景观设计学就是土地的分析、规划、设计、改造、保护、管理的科学和艺术。它是科学，因为景观是一个系统，需要用科学的方法去理解和分析；它是艺术，因为它与人发生关系，需要创造。

可见，风景园林建筑作为一门重要的学科，其内容及含义相当广泛，是具有神圣环境使命的学科和工作，更是一门艺术。风景园林建筑是一门含义非常广泛的综合性学科，是一种规划未来的科学；它是依据自然、生态、社会、技术、艺术、经济、行为等科学的原则，从事对土地及其上面各种自然及人文要素的规划和设计，以使不同环境之间建立一种和谐、均衡关系的一门科学。

（二）风景园林建筑的特点

1. 复合性

风景园林建筑的主要研究对象是土地及其上面的设施和环境，是依据自然、生态、社会、技术、艺术、经济、行为等原则进行规划和创作具有一定功能景观的学科。景观本身因人类不同历史时期的活动特点及需要而变化，因此景观也可以说是反映动态系统、自然系统和社会系统所衍生的产物。从这个角度讲，风景园林建筑具有明显的复合性。

2. 社会性

早期出现的风景园林建筑形态主要是为人的视觉及精神服务的，并为少数人所享有。随着社会的进步、发展及环境的变迁，风景园林建筑成为服务大众的重要场所，并具备了环保、生态等复杂的功能，其社会属性也日益明显。

3. 艺术性

风景园林建筑的主要功能之一是塑造具有观赏价值的景观，在于创造并保存人类生存的环境与扩展自然景观的美，同时借由大自然的美景与景观艺术为人提供丰富的精神生活空间，使人更加健康和舒适，因此艺术性是风景园林建筑的固有属性。

4. 技术性

风景园林建筑的构成要素包括自然景观、人文景观和工程设施三个方面，在具体的组景过程中，都是结合自然景观要素、运用人工的手法进行自然美的再创造，如假山置石工程、水景工程、道路桥梁工程、建筑设施工程、绿化工程等，这些工程的实施均离不开一定结构、材料、施工、维护等技术手段，可以说园林建筑景观的发展始终伴随着技术的创新与发展。

5. 经济性

任何风景园林建筑项目在实施过程中都会消耗一定的人力、机械、材料、能源等，占用一定的社会资源，并对环境造成一定的影响。因此如何提高风景园林建筑项目的经济效益，是目前我国提倡建设节约型社会的重要课题。

6. 生态性

风景园林建筑是自然和城市的一个子系统，其中绿化工程是与自然生态系统结合最为紧密的部分。在早期，研究生物与环境之间的相互关系始终是生态学的核心思想之一，其主要研究的中心是自然生态，后来逐渐转向以人类活动为中心，而且涉及的领域越来越广泛，随着生态学研究的深入，生态学的原理不断发展。例如，在目前以生态学原理为基础建立的学科中，以自然生态为分支学科的有森林生态学、草地生态学、湿地生态学、昆虫生态学等，交叉边缘学科有数学生态学、进化生态学、行为生态学、人类生态学、文化生态学、城市文化生态学、社会生态学、建筑生态学、城市生态学、景观生态学等。从这一角度讲，风景园林建筑的生态性也是其固有的特性。

（三）风景园林建筑的地位、作用

1. 风景园林建筑的地位及其与其他学科的关系

风景园林建筑是建筑学、城市规划、环境艺术、园艺、林学、文学艺术等自然与人文科学高度融合的一门应用性学科，是现代景观学科的主体。作为研究环境、美化环境、治理环境的学科，景观学由来已久，概括地讲，它注重的是人类的生存空间，从局部到整体都是它研究的范围。但随着全球环境的日益恶化，人们越来越重视整体环境的研究，重视自然、科技、社会、人文总体系统的研究，因为环境的美化与优化仅靠局部的细节手法已不能从根本上解决问题。全面地研究和认识风景园林建筑，充分挖掘传统景观园林艺术精华，充分运用现代理论及技术手段，从实际出发，以人为本，树立大环境的观念，从宏观角度把握环境的美化与建设，是现代风景园林建筑的重要研究领域。按学科门类划分，风景园林建筑属于建筑学一级学科下的三级学科，是与建筑学专业一脉相承的，但从风景园林建筑的形成、发展过程、设计手法、施工技术及艺术特点等方面来看，它与建筑设计和城市规划又有所不同。一方面，风景园林建筑离不开建筑及城市环境；另一方面，由于材料、工艺、技术及功能不同，风景园林建筑与建筑设计及城市规划之间也存在一定的差异。在很多人的观念中，风景园林建筑更像建筑及城市艺术中的艺术。

风景园林建筑与农学、林学及园艺学也有密切的关系。农学为研究农业发展改良的学科，农业是利用土地畜养、种植有益于人类的动物、植物以维持人类生存和发展的产业，风景园林建筑也以土地为载体进行建造，是经营大地的艺术，注重空间的塑造和精神满足。农学和农业以生产物质资料为主、视觉上的精神享受为辅，农学和农业的发展促进了风景园林建筑的发展，风景园林建筑在某种程度上来说是农业和农学发展的结果。植物是风景园林的重要构成要素，因此林学对造园的重要性是不言而喻的。园艺学分为生产园艺和装饰园艺。前者以果树、蔬菜及观赏植物（花卉）等的栽培及果蔬的处理加工生产为主；后者包括室内花卉及室外土地装饰，以花卉装饰及盆栽植物利用为主，风景园林建筑则以利用园艺植物、美化土地为主，主要进行庭院、公园、公共绿地等的规划设计。

2. 风景园林建筑的重要性、作用与使命

概括来讲，风景园林设计是综合利用科学和艺术手段营造人类美好的室外生活环境的一个行业和一门学科。风景园林中均有建筑分布，有的数量较多、密度较大，有的数量较少、建筑布置疏朗。风景园林建筑比起山、水、植物，较少受到自然条件的制约，以人工为主，是传统造园中运用最为灵活也是最积极的因素。随着现代风景园林理论、建筑设施水平及工程技术的发展，风景园林建筑的形式和内容越来越复杂多样和丰富，在造景中的地位也日益重要，它们担负着景观、服务、交通、空间限定、环保等诸多功能。

（1）风景园林建筑的重要性。以环境、社会、生态等为着眼点的风景园林建筑对社会、环境及人非常重要，具体表现在以下几个方面。

城市景观本身是一个复杂的系统，包含生态的、知觉的、文化的、社会的各个方面，人们普遍认为城市景观存在某种潜在的空间格局，即生态安全格局，它们由景观中某些关键性的局部、位置和空间联系所构成。在城市景观规划建设、管理、维护和运行过程中，保障景观自身的安全、景观对人的安全及对整个城市环境的安全是城市景观安全的主要内容。具体而言，主要研究内容包括城市面临的景观环境问题与原因，分析景观各个层面对社会经济、城市形态、生态安全、人体健康及社会可持续发展的影响，对景观生态安全格局进行修复、重建和再生，保护人文景观、景观文化及生物物种的多样性，提高城市景观系统的稳定性和生态修复能力。

城市景观安全是城市生态安全的重要环节，是指导城市景观规划建设的重要理论，深入研究城市景观安全问题，有利于保障城市良性发展，保障景观设计向科学化、可持续的方向发展。

景观系统是城市"全生态体"中的一个子系统，是城市环境的有机组成部分，也是与人密切相关的外部环境要素。因此，景观安全体系除具备系统共有的特征外，还具备"三位一体"的特征。具体而言，景观安全包含自身安全、环境安全和人类安全三个部分，三者相互关联、相互影响、不可分割，这种相互关联的结构使景观安全具备"三位一体"的特征。

景观安全是涉及城市生态的复杂体系，影响景观安全的环境因素很多，安全的景观格局担负着维护生态安全的重要责任，有其完善的技术、设计及管理策略。

构成景观的要素主要有三大部分：自然景观要素、历史人文景观要素和景观工程要素。前两者是构成景观的重要组成部分；后者是形成现代景观及改造、修复、重建景观的主体，对景观的影响最大。因此，影响景观安全的因素主要体现在以下几个方面。

城市物理环境。城市物理环境中对景观安全影响较大的因素有水系、声、光、热环境，大气、绿地系统等。

水是构成景观的主要要素，因此保证城市水环境的安全是景观安全的重要方面。城市水土流失、雨水和中水的综合利用、水污染等均会影响景观系统的安全。在城市总体规划中，城市水系的合理布局也是构建景观安全格局的重要方面。

城市声、光、热环境中的噪声污染、光污染及城市热岛等对城市景观中的绿化系统、人的视觉感受、人的行为及心理均会造成冲击，从而威胁景观及城市生态系统的安全。大气中的各种污染物（如有害气体、可吸入颗粒物等）对植物、硬质景观均有较大影响，也是危害城市景观生态安全的因素之一。

城市绿地系统和水系统一样，是城市的"肺"，是构成景观生态系统的主体，能否合理布局和规划，是关系景观生态乃至整个城市生态安全最重要的因素。

文化因素。景观设计在不同的时代体现出不同的文化交流与融合特征，进入21世纪，随着信息化时代的到来，景观文化的交流与融合达到了前所未有的高度。艺术、科技、技术等多个领域的地域文化均在全球范围内广泛传播，文化的交流与发展开创了世界各地景观大发展的局面，但也有一些负面影响，对当地景观文化系统的独特性及原有生态平衡造成了巨大冲击。

城市化及城市更新发展对景观生态安全的影响。改革开放以来，我国城市建设取得了巨大成就，城市化进程突飞猛进，成片的老城区被更新，城市面貌日新月异。但是，城市化进程对城市景观生态安全带来的冲击及影响也是巨大的，主要体现在以下几方面：大拆大建各类保护建筑，历史人文景观遭到破坏；历史文化城市的特有风貌正在消失；城市文脉被切断；城市风貌正走向雷同；等等。这些问题的产生已对城市景观系统的安全造成了巨大的威胁。究其原因，主要是人们对城市景观安全问题不够重视，理论研究滞后，观念和方法原始，注重形象工程，急功近利，从而造成了许多景观的丧失。风景园林中的城市绿化是城市景观系统的主体，绿化景观安全包括三层含义：一是绿色植物的生长安全；二是绿化系统对城市环境生态系统的安全;三是绿化景观及设施对人的安全。不同历史时期,绿化景观安全观念的范畴有所不同。我国在计划经济时期,对城市绿化未给予充分的重视,也没有重视绿化景观安全的问题。近年来,随着城市化的快速发展,城市绿化也进入了高速发展期,大树进城、城市生态环境建设与保护等成为人们关注的重点。城市绿化景观与生态受到了前所未有的重视,相关绿化景观安全的问题也日益显现。

众所周知,绿色植物是维持地球生态系统的基础生产者,每个区域均有特定的植物群落特征及与之相应的生态系统,而城市化的后果是自然绿地系统大多被人工植被取代或重建,实质上是破坏了整个片区原有生态系统的基础,其危害性不言而喻。

安全、合理、可持续的城市景观系统涉及的几个重要概念分别是景观环境的景观生态安全度、景观生态能量级。

景观生态安全度是维持城市景观生态安全所需要的最低生态园值,是城市景观生态安全程度或等级的反映。比如,城市中植物绿化的数量,即绿量值,在某个特定区域若达不到一定的植物绿量,将使环境中诸如空气质量、噪声、温湿度等各物理因素达不到有效的调控。提高城市景观的生态安全度涉及城市人口密度、土地开发强度、建筑密度、绿地系统格局、景观环境容量、环境生态伦理等多个方面。

景观生态能量级是能量生态学的概念,主要研究生态系统中的能量流动与转化。认识生态系统形成、发育、发展与再生过程中各生态因子之间的物理关系,对揭示生态系统本质有重要作用,是研究和鉴定生态系统是否安全和健康的有效理论方法,是制定生态调控法则的重要基础依据。引入景观生态系统,可以用其调控城市景观系统的无度、无序建设,这是评价和保护城市景观系统的重要指标。

城市景观生态系统的复杂性决定了其评价的复合性和动态性,具有动力学的效应及机制,管理调控应根据系统运行的特征制定相应的调控原则及措施。因此,城市景观生态的安全与健康应与城市生态系统的安全体系研究同步进行。

关于景观生态安全与健康问题的研究目前还处于初期阶段，有许多细节问题尚待深入研究，由于其涉及自然、人文及人类生存的诸多方面，其复杂性远非三言两语能论述透彻。但随着研究的不断深入，许多切实可行的理论方法及措施将应用到景观设计实践中，会对目前景观规划设计中存在的许多问题提供更有效的解决方法，将在改善城市生活环境，保障城市生态系统安全、健康地运行，保障城市整体可持续发展等方面发挥应有的作用。

风景园林建筑对环境健康的重要性。在城市景观系统中，景观健康与景观安全是两个并列的概念，两者既相互联系又各自独立，有独立的内涵和外延。景观健康问题是基于系统的概念提出的，保持整个景观系统的健康发展，也就保证了城市环境的健康及人的健康。城市景观系统是整个生态有机体的一个组成部分，有其自身的发展规律。在研究景观系统的生存、发展及更新的过程中，及时"诊断"景观系统存在的病症并采取相应的修复措施是景观健康的主要任务。景观健康研究的主要内容包括研究城市景观系统中存在的主要"病症"及原因，分析景观各因子的运行状况及相互作用，对景观规划、设计、建设、修复、重建、再生的各个过程进行监控，预测可能存在或出现的缺陷，保持人文及自然景观的多样性，提高景观系统的自我修复能力。

为进一步解析景观健康问题，"景观污染"的概念被引入。景观污染是对景观系统健康造成威胁的诸多要素的综合，包括设计过程、建设过程、维护过程中的各种对景观自身及人类自身健康有损害的人类行为。不可否认的是，目前城市景观体系中存在许多缺陷，这种缺陷或受损的景观斑块，实质上就是景观污染的具体体现之一。因此，景观污染的形成主要是人为因素，自然因素较少。这一概念的提出，有利于发现和解析人类景观建设行为过程中的各种有害做法，以便采取事前措施予以避免，也有利于对形成的"景观污染"进行治理，对构建健全、可持续的景观体系有十分积极的理论意义和实践指导作用。

　　景观系统的健康对人类自身的健康发展具有十分重要的现实意义，可为公众提供安全、舒适、健康的生存空间，益于人的身心健康。因此，目前城市绿地规划中提出了"城市森林"的概念，并促进了保健型景观园林的发展，这方面的深入研究也为不同地域的城市环境、城市中各类室内外空间的景观设计，尤其是植物景观的设计及植物配置提供了依据。

　　保健生态社区。植物能散发很多种含有杀菌素、抗生素等化学物质的气体，这些物质通过肺部及皮肤进入人体，能够抑制和杀死原生病毒和细菌，起到防病强身的作用。例如，喜树、水杉、长春花等植物散发的气体可抑制癌细胞的生长；松柏科植物枝叶散发的气体对结核病等有防治作用；樟树散发芳香性挥发油，能帮助人们祛风湿、止痛。植物学家通过对不同植物进行长期测试和研究，目前已发现几百种植物对人类具有保健功效。

　　在社区景观设计中，运用生态位和植物他感原理把具有保健功能的植物合理配置成群落，即可形成具有祛病强身功能的保健生态社区。保健生态社区的绿地率和绿视率很高，以具有保健作用的植物为基调树，总体空间布局按中医五行学说设计。由于它符合崇尚自然、追求健康的时尚潮流，因此备受房地产开发商和广大城市居民的喜爱。

　　净化空气的植物配置。对大气污染吸收净化能力强的绿化树种和花草有很多种，在植物配植中应该掌握因地制宜、因景制宜和生物多样性的原则。鲁敏、刘艳菊、薛皎亮等对植物对大气污染吸收的净化能力的研究结果如下。

　　对二氧化硫吸收量高的树种有加杨、花曲柳、臭椿、刺槐、卫矛、丁香、旱柳、枣树、玫瑰、水曲柳、新疆杨、水榆，吸收量中等的树种有沙松、赤杨、白桦、枫杨、暴马丁香，连翘。在二氧化硫严重污染的地带试图达到绿化降硫的目的时，应依次考虑的植物类型有红柳、茜草、榆树、构树、黄栌、槐、白莲蒿、油松、洋槐、臭椿、荆条、多花胡枝子、侧柏、狗尾草、酸枣、孩儿拳头、毛胡枝子。

　　植物叶片通过气孔呼吸可将大气中的铅吸滞降解，从而起到净化大气的作用。

吸铅量高的树种有桑树、黄金树、榆树、旱树、锌树。室内最适宜养的一些花草，如龟背竹，夜间能大量吸收二氧化碳。另外，仙人掌、仙人球、令箭、昙花等仙人掌科植物，兰科的各种兰花，石蒜科的君子兰、水仙，景天科的紫荆花都有这种功能。一般来说，营造两种以上树种的混栽林，可改善土壤条件，提高防护效果。但是，如果混栽不当，不但树种间会相互抑制生长，而且病虫害严重，给生产造成不应有的损失，下面就举出几种不宜混栽的组合。

苦楝与桑树混栽。苦楝树体内普遍存在一种叫楝素的有毒物质，它对昆虫有较大的拒食内吸、抑制发育和杀灭的作用，它的花毒性更大，如果落于桑园内，有毒物质挥发熏蒸后，采叶饲蚕即会发生急性中毒的情况。

橘树与桑树混枝。橘叶的汁液是多种成分组成的混合物，主要有芳香油、单宁及多种有机酸等物质，对蚕起过敏反应的物质主要是芳香油类，且芳香油能引起蚕忌避拒食和产生胃毒作用，对养蚕极为不利。

桧柏与苹果、梨树、海棠混栽。桧柏与苹果、梨树、海棠混栽或在果园附近栽植桧柏，容易发生苹果锈病。苹果锈病主要危害苹果、梨、海棠的叶片、新梢和果实，而桧柏就是病菌的转主和寄主。这种病菌在危害苹果、梨树、海棠后，转移到桧柏树上越冬，危害桧柏的嫩枝，次年继续危害苹果、梨、海棠，因此它们不能混种在一起。

云杉与李混栽。云杉与李混栽后容易发生云杉球果锈病，染病的球果会提早枯裂，使种子产量和质量降低，严重影响云杉的天然更新和采种工作。

柑橘、葡萄与榆树混栽。榆树是柑橘星天牛、褐天牛喜食的树木，若在柑橘、葡萄园栽植榆树，则会诱来天牛大量取食和繁衍，进而严重危害柑橘，还易造成葡萄减产。另外，果园附近也不宜栽植泡桐。果树的根部常发生紫纹羽病，轻者树势衰弱、叶黄早落，重者枝叶枯干，甚至会全株死亡，而泡桐是紫纹羽病的重要寄主，因而会加重果园紫纹羽病的发生。

油松与黄波罗混栽。这两个树种混栽，易发生松针锈病，感染严重，且迎风面重于背风面。

苹果与梨混栽。苹果和梨混栽，共患锈果病害，但梨树只带病毒不表现症状，而苹果感病后，产量减少，品质下降，不能食用，甚至可能毁树绝产。

绿色植物不但可以缓解人们心理和生理上的压力，而且植物释放的负离子及抗生素能提高人们对疾病的免疫力。据测试，在绿色植物环境中，人的皮肤温度可降低 1~2℃，脉搏每分钟可减少 4~8 次，呼吸慢而均匀，心脏负担减轻。另外，森林中每立方米空气中细菌的含量也远远低于市区街道、超市、百货公司。因此，植物配置中的生态观还应落实到人，为人类创造一个健康、清新的保健型生态绿色空间。生态保健型植物群落有许多类型，如体疗型植物群落、芳香型植物群落、触摸型植物群落、听觉型（松涛阵阵、杨树沙沙、雨打芭蕉等）植物群落等。设计师应在了解植物生理、生态习性的基础上，熟悉各种植物的保健功效，将乔木、灌木、草本、藤本等植物科学搭配，构建一个和谐、有序、稳定的立体植物群落。

松柏型体疗群落或银杏丛林体疗群落属于体疗型植物群落。在公园和开放绿地中，中老年人在进行体育锻炼时可以选择到这些群落中去。银杏的果、叶都有良好的药用价值和挥发油成分，在银杏树林中，会感到阵阵清香，有益心敛肺、化湿止泻的作用，长期在银杏林中锻炼，对缓解胸闷心痛、心悸怔忡、痰喘咳嗽均有益处。在松树林呼吸锻炼，有祛风燥湿、舒筋通络的作用，对关节痛、转筋痉挛、脚气痿软等病有一定助益。

构建芳香型生态群落，如香樟、广玉兰、白玉兰、桂花、蜡梅、丁香、含笑、栀子、紫藤、木香等都可以作为嗅觉类芳香保健群落的可选树种。

风景园林建筑在空间上的重要性。风景园林中的建筑是人进行活动的重要场所，如休息、会客、学习、娱乐等，是人欣赏、享受自然的载体，人们可以在风景园林建筑营造的优美空间中尽情地倾听悦耳的鸟鸣、飒飒的风声，呼吸清新的空气和感受花木的芳香等。风景园林建筑营造的室外绿化空间是人们重要的户外活动场所。植物绿化可以净化空气、调节微气候、减少噪声污染，人们在游乐、休闲的同时可以开展户外体育运动，锻炼身体。由此可见，风景园林建筑为人们提供了丰富的活动空间和场所。

风景园林建筑是为公众服务的，它之所以被认为具有风景旅游价值，是因为它可以不同程度地满足人们对美的追求，符合形式美的原则，能在时空上引起审美主体的共鸣。审美主体是审美活动的核心，审美潜意识水平是美感质量的基础，自然属性和社会属性的特征直接决定审美效应的大小。因此，可以对审美主体的美感层次进行划分（这种划分与景点级别划分具有本质区别），并采取相应的设计对策。

风景园林建筑在视觉及审美上的重要性体现在多个方面，其中风景园林中兴奋点（或敏感点）的设计是满足人各种感官审美需求的重要环节。

安全感是公众审美的基本要求，是产生美感的基本保障，是构成美感的基本层次。这种要求反映在游人对整个审美过程中经历环境的总体了解，以及不同视点位置上空间平立面的可视性状况和变化频率等各个方面。例如，一个在森林中迷路的人很难有心情欣赏四周美丽的风景，道路崎岖、沟壑难料的环境会使游人望而生畏。因此，安全感对于公众来说是必要的。当然，适当的冒险也会刺激游人的审美欲望，这会在一定程度上起到兴奋点的作用。但对于工作生活节奏快、社会压力大的现代人来说，环境中过多的冒险是不适合的。安全感是一个基本要素，这是产生美感的必要前提。

自然风景使人心旷神怡的根本原因在于它能适应人的审美要求，满足人们回归自然的欲望，这在美感层次上表现为一系列的美感平台，即各种相互融合的风景信息可以提供一个使人心旷神怡的环境，给人以持久的舒适感。随着风景场所的转换，不断有新的风景信息强化对游人的刺激，使美感平台缓慢波动。但总的来看，在一定时间内，平台"高度"会逐渐上升，达到一个最高点后再缓慢下降。这时若没有新的较强烈的风景信息进一步强化刺激，游人的美感平台"高度"将继续下降，直到恢复原来的状态。当处于平台区的审美主体受到强烈的风景信息刺激时，美感层次会在前一个平台的基础上急剧上升，使审美主体获得极大的审美享受，而后再缓慢下降进入下一个平台区。新的平台"高度"会因兴奋点的特征及审美主体的审美潜意识而比前一个平台有不同程度的提高，并对整个审美过程产生深远的影响。一次审美活动的美感的强弱在很大程度上取决于兴奋点的数量和质量。

从以上分析可以看出，兴奋点在美感的形成过程中起着非常重要的作用。因此，风景园林的设计人员在景观设计中应突出兴奋点设计这根主线，在合理安排景观生态和观赏效果的同时，因地制宜，巧妙设计兴奋点，充分发挥风景园林在视觉及审美方面的作用。

事实上，我国传统造园理论非常重视意境创造，"一峰则太华千寻，一勺则江湖万里"，方寸之间，意境无穷，这实际上是兴奋点创造的一种形式。这种对比的强化，实际上就是一种兴奋点设计。如果没有预先的压抑，让游人直接进入开朗空间，虽然也会给人以开阔、舒畅之感，但是不会使游人产生兴奋感，美感层次处于一个平台上，而增加了一个预备空间，能使游人的美感层次经过兴奋点进入一个更高的平台，从而达到强化审美的效果。

国家的进步、社会的发展离不开对文化的保护与发展，风景园林建筑是继承和发展民族及地域文化的重要载体，人居环境的建设与风景园林建筑的发展息息相关，自有人类起便有人居环境。现代的趋势不仅在于居住建筑本身，还着眼于环境的利用与塑造，从居住小区到别墅豪宅无不追求山水地形的变化，形成现代建筑与山水融为一体之势。

随着社会进步，人因兴建城镇与建筑而脱离了自然，又在需求自然的时候逐渐产生了风景园林。人不满足于自然恩赐的树木，而要在需要的土地上人工植树，这是恩格斯"第二自然"的雏形和划时代的标志。现代中国风景园林建筑的概念是要满足人类对自然环境在物质和精神方面的综合要求，将生态、景观、休闲游览和文化内涵融为一体，为人民长远的、根本的利益谋福利。风景园林从城市园林扩展到园林城市、风景名胜区和大地园林景观，是最佳的人居环境。风景园林要为人居环境创造自然的条件和气氛，其中也渗透以文化、传统和历史，使人们不仅能从自然环境中得到物质享受，还能从寓教于景的环境中陶冶情操，延续和传承历史文化，体现时代、民族和国家的文化。风景园林建筑在文化方面的重要性还体现在人居环境建设的其他方面，是社会及国家物质文明与精神文明的体现，反映了人类对风景园林建筑文化艺术的需求，且与其他文化艺术形态相辅相成。中国传统风景园林艺术从历史上讲，是从诗、画发展而来的。

根据对公园绿地与城市居民身心健康及再生关系的认识，城市绿化面积和人均绿地面积等指标往往被用来衡量城市环境质量。但如果片面追求这些指标而忘却其背后的功能含义，风景园林专业便会失去其发展方向。

（2）风景园林建筑的作用。在园林景观组织方面，点景、构景与风格风景园林建筑有四个主要构成要素，即山、水、植物、建筑。在许多情况下，建筑往往是风景园林中的画面中心，是构图的主体，没有建筑就难以成景，难有园林之美。点景要与自然风景相结合，控制全园布局，风景园林建筑在园林景观构图中常有画龙点睛的作用。重要的建筑物常常作为风景园林一定范围内甚至整个园林的构景中心。

组织游览路线。风景园林建筑常具有起承转合的作用，当人们的视线触及某处优美的园林建筑时，游览路线就会自然而然地延伸，建筑常成为视线引导的主要目标。风景园林对于游人来说是一个流动空间，一方面表现为自然风景的时空转换，另一方面表现在游人步移景异的过程中。不同的空间类型组成有机整体，并对游人构成丰富的连续景观，这就是风景园林景观的动态序列。风景序列的构成，可以是地形起伏、水系环绕，也可以是植物群落或建筑空间，无论单一的还是复合的，总应有头有尾、有放有收，这也是创造风景序列常用的手法。风景园林建筑在风景园林中有时只占有1%~2%的面积，基于使用功能和建筑艺术的需要，对建筑群体组合的本身以及对整个园林中的建筑布置，均应有动态序列的安排。对于一个建筑群组而言，应该有入口、门厅、过道、次要建筑、主体建筑的序列安排。对于整个风景园林而言，从大门入口区到次要景区，最后到主景区，都有必要将不同功能的景区有计划地排列在景区序列轴线上，形成一个既有统一展示层次，又有多样变化的组合形式，以达到应用与造景之间的完美统一。

组织园林空间。在风景园林设计中，空间组合和布局是重要的内容，风景园林常以一系列的空间变化和巧妙安排给人以艺术享受，以建筑构成的各种形式的庭院、游廊、花墙、圆洞门等恰是组织空间、划分空间的最好手段。分隔空间力求从视觉上突破园林实体的有限空间的局限性，使之融于自然、表现自然。因此，只有处理好形与神、意与境、虚与实、动与静、因与借、真与假、有限与无限、有法与无法等种种关系，才能把园内空间与自然空间融合和扩展开来。比如，漏窗的运用使空间流通、视觉流畅，因而隔而不绝，在空间上起互相渗透的作用。

此外，风景园林建筑中数量和种类庞大的建筑小品在风景园林空间的组织中发挥着巨大的作用，如廊、桥、墙垣、花格架等是组织和限定空间的良好手段，较高大的楼、阁、亭、台、塔等建筑在组织和划分景区中也起着很好的引导作用。

（3）风景园林建筑的使命。随着社会的发展、环境的变迁、技术的进步以及现代人需求和理念的诸多变化，风景园林的发展进入了一个全新的时代，这门具有悠久历史传统的造园、造景学科正在扩大其研究领域，向着更综合的方向发展，在协调人与自然，人与社会、人与环境、人与建筑等方面担负着重要的责任。现代风景园林发展应担负的使命和努力的目标特征有以下几点：

作为一门学科和专业，在传承历史的基础上进一步与国际及现代景观设计理念接轨，逐步完善学科体系及学科教育体系，消除学科概念及含义的争议。

敦促政府实施风景园林师或景观设计师的职业化，提升风景园林规划设计的水准，维护执业师的地位。

在重视风景园林艺术性的同时，更加重视风景园林的社会效益、环境效益和经济效益。保证人与大自然的健康，提高和改善自然的自净能力。

运用现代生态学原理及多种环境评价体系，通过园林对环境进行针对性的量化控制。重视园林绿化，避免因绿化材料等运用不当对不同人群带来身体过敏性刺激和伤害。

在总体规划上，树立大环境的意识，把全球或区域作为一个全生态体来对待，重视多种生态位的研究，运用风景园林进行调节。

全球风景园林向自然复归、向历史复归、向人性复归，在风格上进一步向多元化发展。在与建筑、环境的结合上，风景园林的局部界限进一步弱化，形成建筑中有园林、园林中有建筑的格局，城市向山水园林化的方向发展，但应注重保护和突出地方特色。

二、风景园林建筑与可持续发展

"浅绿色理论"认为，人类面临的生态危机并不可怕，只要政府"推行一些必要的环境政策和相应的科学技术手段"，便可以解决生态恶化的问题。

"深绿色理论"认为，不从根本上改变现存的价值观念和生产消费模式，人类的危机是无法解决的。为此，持这种思想的人用新的生态理论向人类主宰世界的"中心论"提出了挑战。他们提出要用"绿色"文明取代工业主义的"灰色"文明，用"节俭社会"代替"富裕社会"，用满足必要生活资料的"适度消费"代替满足无限制的欲望的"高度消费"。深绿色理论已经达到了"可持续发展"的思想高度。

当代人类和未来人类基本需要的满足是可持续发展的主要目标，离开了这个目标的"持续性"是没有意义的。社会经济发展必须限制在"生态可能的范围内"，即地球资源与环境的承载能力之内，超越生态环境"限制"就不可能持续发展。可持续发展是一个追求经济、社会和环境协调共进的过程。因此，从广义上说，可持续发展战略旨在促进人类之间以及人类与自然之间的和谐。

第二节　风景园林建筑的分类

一、游憩类

1. 科普展览建筑及设施

供历史文物、文学艺术、摄影、绘画、科普、书画、金石、工艺美术、花鸟鱼虫等展览的设施。

2. 文体游乐建筑及设施

文体场地、露天剧场、游艺室、康乐厅、健美房等，如跷跷板、浪木、脚踏水车、转盘、秋千、滑梯、攀登架、单杠、脚踏三轮车、迷宫、原子滑车、摩天轮、观览车、金鱼戏水、疯狂老鼠、旋转木马、勇敢者转盘等。

3. 游览观光建筑及设施

游览观光建筑不仅给游人提供游览休息赏景的场所，其本身也是景点或成景的构图中心，包括亭、廊、榭、舫、厅、堂、楼阁、斋、馆、轩、码头、花架、花台、休息坐凳等。

4. 园林建筑小品

园林建筑小品一般体形小、数量多、分布广，具有较强的装饰性，对园林绿地景色影响很大，主要包括园椅、园凳、园桌、展览及宣传牌、景墙、景窗、门洞、栏杆、花格及博古架等。

（1）园椅、园凳、园桌供游人坐息、赏景之用，一般布置在安静、景色良好以及游人需要停留休息的地方。在满足美观和功能的前提下，结合花台、挡土墙、栏杆、山石等设置，必须舒适坚固，构造简单，制作方便，与周围环境相协调，点缀风景，增加趣味。

（2）展览牌、宣传牌是进行精神文明教育和科普宣传、政策教育的设施，有接近群众、利用率高、灵活多样、占地少、造价低和美化环境的优点。一般设在景园绿地的各种广场边、道路对景处或结合建筑、游廊、围墙、挡土墙等灵活布置。根据具体环境情况，可做成直线形、曲线形或弧形，其断面形式有单面和双面，也有平面和立体等。

（3）栏杆主要起防护、分隔和装饰美化的作用，坐凳式栏杆还可供游人休息。栏杆在景园绿地中不宜多设，即使设置也不宜过高，应该把防护、分隔的作用巧妙地与美化装饰结合起来。常用的栏杆材料有钢筋混凝土、石、铁、砖、木等。石制栏杆粗壮、坚实、朴素、自然；钢筋混凝土栏杆可预制装饰花纹，经久耐用；铁栏杆少占面积，布置灵活，但易锈蚀。

（4）雕塑有表现景园意境、点缀装饰风景、丰富游览内容的作用，大致可分为纪念性雕塑、主题性雕塑、装饰性雕塑三类。在现代环境中，雕塑逐渐被运用在景园绿地的各个领域中。除单独的雕塑外，还用于建筑、假山和小型设施。

二、服务类

风景园林中的服务性建筑包括餐厅、酒吧、茶室、小吃部、接待室、小宾馆、小卖部、摄影部、售票房等。这类建筑虽然体量不大，但与人们密切相关，使用功能与艺术造景于一体，在园林中起着重要作用。

1. 饮食业建筑

近年来，餐厅、食堂、酒吧、茶室、冷饮、小吃部等设施在风景区和公园内已逐渐成为一项重要的设施，该服务设施在人流集散、功能要求、服务游客、建筑形象等方面对景区有很大影响。

2. 商业性建筑

商店或小卖部、购物中心，主要提供游客用的物品和糖果、香烟、水果、饼食、饮料、土特产、手工艺品等，同时为游人创造一个休息、赏景之所。

3. 住宿建筑

规模较大的风景区或公园多设一个或多个接待室、招待所、宾馆等，主要供游客住宿、赏景。

4.摄影部、票房

摄影部、票房主要是供应照相材料、租赁相机、展售风景照片和为游客室内外摄影，同时可以扩大宣传，起到一定的导游作用。票房是公园大门或外广场的小型建筑，也可作为园内分区收票的集中点，常和亭廊组合一体，兼顾管理和游憩的需要。

三、公用类

公用类主要包括电话、通信、导游牌、路标、停车场、存车处、供电及照明、供水及排水设施、供气供暖设施、标志物及果皮箱、饮水站、厕所等。

1.导游牌、路标

在园林各路口设立标牌，协助游人顺利到达游览地点，尤其在道路系统较复杂、景点丰富的大型园林中，还起到点景的作用。

2.停车场、存车处

停车场和存车处是风景区和公园必不可少的设施，为了方便游人，这类设施常和大门入口结合在一起，但不应占用门外广场的空间。

3.供电及照明

供电设施主要包括园路照明，造景照明，生活、生产照明，生产用电，广播宣传用电，游乐设施用电等。园林照明除了创造一个明亮的环境，满足夜间游园活动、节日庆祝活动及保卫工作等要求以外，还是创造现代化景观的手段之一。近年来，国内的芦笛岩、伊岭岩、善卷洞、张公洞以及国外的"会跳舞的喷泉"等，均突出地体现了园景用电的特点。园灯是园林夜间的照明设施，白天具有装饰作用，因此各类园灯在灯头、灯柱、柱座（包括接线箱）的造型上，光源选择上，照明质量和方式上，都应有一定的要求。园灯造型不宜烦琐，可有对称与不对称、几何形与自然形之分。

4. 供水与排水设施

风景园林中的用水有生活用水、生产用水、养护用水、造景用水和消防用水，水源如下。

引用原河湖的地表水；利用天然涌出的泉水；利用地下水；直接用城市自来水或设深井水泵吸水。给水设施一般有水井、水泵（离心泵、潜水泵）、管道、阀门、龙头、窨井、储水池等。

消防用水为单独体系，有备无患。景园造景用水可设循环设施，以节约用水。水池还可和风景园林绿化养护用水结合，做到一水多用。山地园和风景区应设分级扬水站和高位储水池，以便引水上山，均衡使用。

5. 厕所

厕所是维护环境卫生不可缺少的，既要有其功能特征且外形美观，又不能喧宾夺主，要求有较好的通风、排污设备，应具有自动冲水和卫生用水设施。

四、管理类

1. 大门

大门在风景园林中应突出醒目，给游人留下深刻的第一印象。依各类风景园林不同，大门的形象、内容、规模有很大差别，可分为柱墩式、牌坊式、屋宇式、门廊式、墙门式、门楼式，以及其他形式的大门。

2. 其他管理设施

办公室、广播站、宿舍食堂、医疗卫生、治安保卫、温室凉棚、变电室、垃圾污水处理场等。

第三节　风景园林建筑设计的艺术问题

风景园林艺术是多元化的、综合的、空间多维性的艺术，它包含听觉艺术，视觉艺术；动的艺术，静的艺术；时间艺术，空间艺术；表现艺术，再现艺术以及实用艺术等。此外，风景园林艺术与绘画、音乐、舞蹈等艺术形式欣赏的地点及方式不同，可以不受空间限制，创作所用的物质材料可以是有生命的，其他艺术形式则不能。与其他艺术形式相同的是，风景园林艺术创作具备艺术家本人的创作个性，涉及艺术家本人的思维、意境、灵感、艺术造诣、世界观、审美观、阅历、表现技法等多个方面。风景园林的设计、建造过程伴随着结构、材料、工艺、种植等技术，且周期较长，这使风景园林的艺术创作有其自身特点，主要包括如下几点。

一、风景园林艺术的根源——美与自然美

风景园林艺术的根本是"美"，脱离了艺术原则中的美，风景园林艺术就失去了其在环境中的意义。"美"本身就是一个极其复杂的概念，在《美和美的创造》一书中对"美"有这样的解释："美是一种客观存在的社会现象，它是人类通过创造性的劳动实践，把具有真和善品质的本质力量在对象中实现出来，从而使对象成为一种能引起爱慕和喜悦感情的观赏形象，就是美。"可见，美中包含着客观世界（大自然）、人的创造和实践、人的思想品质及诱发人视觉和感知的外在形象。

人对美的认识来自对美的心理认识——美感。美感因社会、阶层、民族、时代、地区及联想力、功利要求等的不同而不同。基于此，对景园艺术的复杂性、多元化的认识也应先从美的特征来把握。自然美是一切美的源泉，风景园林产生于自然，风景园林的美来自人们对自然美的发现、观察、认识和提炼，因此风景园林艺术的根源在于对自然美的挖掘和创造。

二、风景园林艺术中的意境——心理场写意

风景园林艺术的表现除风景园林空间造型的外在形式外，更重要的是它像山

水画艺术及文学艺术那样使人得到心理的联想和共鸣而产生意境。明朝书画家董其昌说过:"诗以山川为境,山川亦以诗为境。"吸取自然山川之美的园林艺术既可"化诗为景",又可使人置身其中触景生情,从而引发人的诗、画联想。"日暮东风怨啼鸟,落花犹似坠楼人。"(杜牧《金谷园》)从以上诗句的描述可见,人们对风景园林意境的感受多数是由心理感受引发的,由景及物、由物及人、由人及情,欣赏者的心理感受多以个人为主体,相对于设计者而言,应注意引发欣赏者的"意境"感受。意境的产生应由景园提供一个心理环境,刺激主体产生自我观照、自我肯定的愿望,并在审美过程中完成这一愿望,表现在实际中,对意境的感知是直觉、瞬间产生的"灵感",因此在风景园林艺术中,意境的创造应尊重欣赏者的心理变化,而不单是设计师的构思与想象。

下面以风景园林中植物景观设计为例,从环境心理学角度分析什么样的植物景观设计是令人满意的,从人的心理需求角度来看有如下特点。

1. 安全性

在个人化的空间环境中,人需要占有和控制一定的空间领域。心理学家认为,领域不仅提供相对的安全感和便于沟通的信息,还表明占有者的身份和对所占领域的权利象征。领域性作为环境空间的属性之一,古已有之,无处不在。园林植物配置设计应该尊重人的这种个人空间,使人获得稳定感和安全感。例如,私人庭院里常见的绿色屏障,既起到与其他庭院的分割作用,对家庭成员来说又起到暗示安全感的作用,通过绿色屏障实现了家庭各自区域的空间限制,从而使人获得相关的领域性。

2. 实用性

古代的庭院最初就是经济实用的果树园、草药园或菜圃,在现今的许多私人庭园或别墅花园中仍可以看到硕果满园的风光,或是有田园气息的菜畦,更有懂得精致生活的人,自己动手进行园艺操作,在家中的小花园里种上芳香保健的草木花卉。其实,无论家中庭园还是外面的绿地,每一种绿地类型的植物功能都应该是多样化的，不仅有以游赏、娱乐为目的的，还有供游人使用、参与以及生产防护功能的，使人获得满足感和充实感。草坪开放就可让人进入活动；设计花园和园艺设施，游人就可以动手参与园艺活动；用灌木作为绿篱有多种功能，既可把大场地细分为小功能区和空间，又能挡风和降低噪声，隐藏不雅的景致，形成视觉控制，低矮的观赏灌木还可使人们接近欣赏它们的花、叶、果形态的。

3. 宜人性

在现代社会中，植物景观只局限于经济实用功能是不够的，它还必须是美的、动人的、令人愉悦的，必须满足人们的审美需求以及人们对美好事物热爱的心理需求。单株植物有它的形体美、色彩美、质地美、季相变化美等；丛植、群植的植物通过形状、线条、色彩、质地等要素的组合以及合理的尺度，加上不同绿地背景元素（铺地、地形、建筑物、小品等）的搭配，既可美化环境，为景观设计增色，又能让人在无意识的审美感觉中调节情绪、陶冶情操。反之，抓住这些微妙的心理审美过程，会对怎样创造一个符合人内在需求的环境起到十分重要的作用。

4. 私密性

私密性可以理解为个人对空间可接近程度的选择性控制。人对私密空间的选择可以表现为一个人独处，希望按照自己的愿望支配自己的环境；或几个人亲密相处不愿受他人干扰；或反映个人在人群中不求闻达、隐姓埋名的倾向。在竞争激烈、匆匆忙忙的社会环境中，特别是在繁华的城市中，人类极其向往拥有一块远离喧嚣的清静之地。这种要求在家庭的庭院、花园里容易得到满足，在大自然的绿地中也可以通过植物设计来得到满足。植物设计是创造私密性空间最好的自然要素，设计师考虑人对私密性的需要，并不一定就是设计一个完全闭合的空间，但在空间属性上要对空间有较为完整和明确的限定。一些布局合理的绿色屏障或分散排列的树就可以提供私密空间，在植物营造的静谧空间中，人们可以读书、静坐、交谈、私语。

5.公共性

正如人类需要私密空间一样，有时也需要自由开阔的公共空间。环境心理学家曾提出社会向心与社会离心的空间概念，园林绿地也可分为绿地向心空间和绿地离心空间。前者如城市广场、公园、居住区中心绿地等，公园草坪要尽量开放，草坪不能一览无余，要有遮阳避雨的地方，居住区绿地中的植物品种要尽量选择观赏价值较高的观叶、观花、观果植物等。这些设计思路都是倾向于使人相对聚集，促进人与人之间的相互交往，进而去寻求更丰富的信息。

在园林绿地中，私密空间和公共空间的界定也是一个相对的概念。绿地离心空间如医院绿地、图书馆绿地、车站广场绿地等专类附属绿地，这些绿地的植物配置要体现简洁、沉稳的特征，倾向于互相分离、较少或不进行交往。在这样的绿地中，人们总是希望减少环境刺激，保护"个人空间"及"人际距离"的不受侵犯。因此，在设计植物景观的过程中要充分考虑这些空间属性与人的关系，从而使人与环境达到最佳的互适状态。比如，在车站的出入口和广场上可以利用标志性的植物景观，加强标志和导向的功能，使人产生明确的场所归属感；在医院可以利用植物对不同病区进行隔离，并利用植物的季相变化和色彩特征营造不同类型的休息区。

在许多古典风景园林中，意境的体现与发掘并非以设计师当时的设想而建造，往往是后人游居其中有感而发所致，这也是今天设计师在追求和创造风景园林意境时应注意的一个问题。

三、风景园林的基本艺术特征表现

1.动态之美

中国古代工匠喜欢把生气勃勃的动物形象用到艺术上去，这比起希腊就有很大的不同。希腊建筑上的雕刻多半用植物叶子构成花纹图案，中国古代雕刻却用龙、虎、鸟、蛇这一类生动的动物形象，至于植物花纹，直到唐代以后才逐渐兴盛起来。在汉代，不但舞蹈、杂技等艺术十分发达，绘画、雕刻也都栩栩如生。图案画常常由云彩、雷纹和翻腾的龙构成，雕刻也常是雄壮的动物，还要加上两个能飞的翅膀。《文选》中有一些描写当时城市宫殿建筑华丽的文章，看来似乎只是夸张，只是幻想。其实不然，从地下坟墓中发掘出来的实物材料和颜色华美的古代建筑的点缀品可以看出《文选》中的那些描写是有现实根据的。

2. 空间之美

建筑和园林的艺术处理是处理空间的艺术。老子曾说："凿户牖以为室，当其无，有室之用。"室之用是指利用室中之"无"，即空间。从上面的介绍可知，中国古代风景园林是很发达的，如北京故宫三大殿的旁边就有三海，郊外还有圆明园、颐和园等，这些都是皇家园林。即便是普通的民居一般也有天井、院子，这也可以算作一种小小的园林。例如，郑板桥曾这样描写一个院落："十笏茅斋，一方天井，修竹数竿，石笋数尺，其地无多，其费亦无多也。而风中雨中有声，日中月中有影，诗中酒中有情，闲中闷中有伴，非唯我爱竹石，即竹石亦爱我也。彼千金万金造园亭，或游宦四方，终其身不能归享。而吾辈欲游名山大川，又一时不得即往，何如一室小景，有情有味，历久弥新乎？"由此我们可以看出，这个小天井，给了郑板桥丰富的感受，空间随着心中的意境可敛可放，是流动变化的，是虚幽而丰富的。

宋代郭熙论山水画时说："山水有可行者，有可望者，有可游者，有可居者。"（《林泉高致》）可行、可望、可游、可居，这也是传统风景园林艺术的基本理念和要求，园林中的建筑要满足居住的要求，使人有地方休息，但它不仅是为了居住，还必须可游、可行、可望。"望"是视觉传达的需要，一切美都是"望"，都是欣赏。除了"游"可以发生"望"的作用外（颐和园的长廊不但引导我们"游"，而且引导我们"望"），"住"同样要"望"。比如，窗子并不单是为了透气，也是为了望出去，望到一个新的境界，获得美的感受。窗子在园林建筑艺术中起着很重要的作用，有了窗子，内外就发生交流，窗外的竹子或青山，经过窗子的框望去，就是一幅画。

颐和园的乐寿堂差不多四边都是窗子，周围的粉墙列着许多建筑中的窗子，面向湖景，每个窗子都等于一幅小画（李渔所谓"尺幅窗，无心画"），而且同一个窗子，从不同的角度看出去，景色都不相同。这样，画的境界就无限地增多了，走廊、窗子以及一切楼、台、亭、阁，都是为了"望"，都是为了得到和丰富对空间的美的感受。颐和园有个匾额，叫"山色湖光共一楼"，是指这个楼把一个大空间的景致都吸收进来了，以及苏轼诗中"赖有高楼能聚远，一时收拾与闲人"就是这个意思。颐和园还有个亭子叫"画中游"，并不是说这亭子本身就是画，而是说这亭子外面的大空间好像一幅大画，你进了这亭子，也就进入这幅大画之中。古希腊人对庙宇四围的自然风景似乎还没有发现，他们多半把建筑孤立起来欣赏。古代中国人就不同，他们总要通过建筑物，通过门窗，接触大自然，如"窗含西岭千秋雪，门泊东吴万里船"（杜甫），诗人从一个小房间通到千秋之雪、万里之船，也就是从一门一窗体会到无限的空间、时间。

为了丰富空间的美感，园林建筑就要采用种种手法来布置空间、组织空间、创造空间，总之，是为了丰富对景。玉泉山的塔，从远处看，好像是颐和园的一部分，这是"借景"。苏州留园的冠云楼可以远借虎丘山景，拙政园在靠墙处堆一假山，上建"两宜亭"，把隔墙的景色尽收眼底，突破围墙的局限，这也是"借景"。颐和园的长廊，把一片风景隔成两边，一边是近于自然的广大湖山，一边是近于人工的楼台亭阁，游人可以两边眺望，丰富了美的印象，这是"分景"。《红楼梦》中的大观园运用园门、假山、墙垣等，形成园中的曲折多变，境界层层深入，像音乐中不同的音符一样，使游人产生不同的情调，这也是"分景"。颐和园中的谐趣园自成院落，另辟一个空间，是另一种趣味，这种大园林中的小园林，叫作"隔景"。中国园林艺术在这方面有特殊的表现，它是理解中华民族美感特点的一个重要领域。

3. 风景园林艺术的造型规律

（1）多样统一律。这是形式美的基本法则，体现在风景园林艺术中有形体组合、风格与流派、图形与线条、动态与静态、形式与内容、材料与肌理、尺度与比例、局部与整体等的变化与统一。

（2）整齐一律。在风景园林中，为取得庄重、威严、力量与秩序感，有时采用行道树、绿篱、廊柱等来体现。

（3）参差律。参差律与整齐一律相对，有变化才丰富，有章法与变化才有艺术性，风景园林中通过景物的高低、起伏、大小、前后、远近、疏密、开合、浓淡、明暗、冷暖、轻重、强弱等变化来取得景物的这一变化。

（4）均衡律。风景园林艺术在空间关系上存在动态均衡和静态均衡两种形式。

（5）对比律。通过形式和内容的对比关系可以突出主题，强化艺术感染力。景园艺术在有限的空间内要创造出鲜明的视觉艺术效果，往往运用形体、空间、数量、动静、主次、色彩、虚实、光彩、质地等对比手法。

（6）谐调律。协调与和谐是一切美学所具有的规律，风景园林中有相似协调、近似协调、整体与局部协调等多种形式。

（7）节奏与韵律。风景园林空间中常采用连续、渐变、突变、交错、旋转、自由等韵律及节奏来达到如诗如歌的艺术境界。

（8）比例与尺度。风景园林讲究"小中见大""形体相宜"等效果，也须符合造型中比例与尺度的规律。

（9）主从律。在风景园林组景中有主有次，空间才有秩序，主题才能突出，尤其在大型的综合的多景区、多景点风景园林处理中更应遵循这一艺术原则。

（10）整体律。设计中应保持风景园林形体、结构、构思与意境等多方面的完整性。

4. 风景园林艺术的法则

风景园林艺术是在人类追求美好生存环境与自然长期斗争中发展起来的，它涉及社会及人文传统、绘画与文学艺术、人的思想与心理，在不同的时代和环境中最大限度地满足人们对环境意象与志趣的追求，因而风景园林艺术在漫长的发展过程中形成了自己的艺术法则和指导思想，主要体现在以下几个方面。

（1）造园之始、意在笔先。风景园林追求意境，以景代诗，以诗意造景，抒发人们内心的情怀，在设计风景园林之前，就应先有立意，再行设计建造。不同的人、不同的时代有不同的意境追求，反映了主人对人生、自然、社会等不同的定位与理解，体现了主人的审美情趣与艺术修养。

（2）相地合宜、构图得体。

（3）巧于因借、因地制宜。

（4）欲扬先抑、柳暗花明。这也是东西方风景园林艺术的区别之一。西方的几何式风景园林开朗明快、宽阔通达、一目了然，符合西方人的审美心理；东方人因受儒家学说的影响，崇尚"欲露先藏，欲扬先抑"及"山重水复疑无路，柳暗花明又一村"的效果，故而在风景园林艺术处理上讲究含蓄有致、曲径通幽、逐渐展示、引人入胜。

（5）开合有致、步移景异。风景园林在空间上通过开合收放、疏密虚实的变化，给游人带来心理起伏的律动感，在序列中有宽窄、急缓、明暗、远近的区别，在视点、视线、视距、视野、视角等方面反复变换，使游人有步移景异、渐入佳境之感。

（6）小中见大、咫尺山林。前面提到风景园林因借的艺术手法，可扩大风景园林空间，小中见大，是调动内景诸多要素之间的关系，通过对比、反衬，形成错觉和联想，合理利用比例和尺度等形式法则，以达到扩大有限空间、形成咫尺山林的效果。

（7）文景相依、诗情画意。中国风景园林中题名、匾额、楹联随处可见，以诗、史、文、曲咏景者数不胜数。

（8）虽由人作、宛自天开。中国风景园林因借自然堆山理水，可谓顺天然之理，应自然之规，仿效自然的功力称得上巧夺天工。

第四节　风景园林建筑设计的技术与经济问题

一、风景园林建筑的结构与构造

中国传统的园林建筑多采用木构框架结构，建筑的重量是由木构架承受的，墙不承重，木构架由屋顶、屋身的立柱及横梁组成，是一个完整的独立体系，等同于现代的框架结构，中国有句谚语"墙倒屋不塌"，生动地说明了这种结构的特点。

（一）中国传统风景园林建筑的屋顶

中国传统风景园林建筑的外观特征主要表现在屋顶上，屋顶的形式不同，体现出的建筑风格就不同，常见的屋顶形式有如下几种。

（1）硬山：屋面檩条不悬出于山墙之外。

（2）悬山（挑山、出山）：檩条皆伸出山墙之外，其端头上钉搏风板，屋顶有正、垂脊或无正脊的卷棚。

（3）歇山：双坡顶四周加围廊，共有九脊：一条正脊、四条垂脊、四条戗脊。

（4）庑殿：屋面为四面坡，共有五脊：一条正脊、四条与垂脊成45°斜直线的斜脊。若正脊向两端推击使斜直线呈柔和的曲线形，则称推山庑殿。

（5）卷棚：在正脊位置上不做向上凸起的屋脊，而用圆形瓦片联结成屋脊状，使脊部呈圆弧形，称为卷棚。

（6）攒尖顶：屋顶各脊由屋角集中到中央的小须弥座上，其上饰以宝顶，攒尖顶有单、重、三重檐等之分，平面形式有三角、四角、多角及圆攒尖等。

（7）十字脊顶：四个歇山顶正脊相交成"十"字，多用于角楼。

（8）盝顶：与攒尖顶相似，屋顶各脊汇交于宝顶，戗脊呈曲线形。

其他还有囤顶、草顶、穹隆顶、圆拱顶、单坡顶、平顶、窝棚等。另外，少数民族如傣族、藏族等的屋顶也颇有特色。

（二）风景园林建筑的结构与构造特征

1. 风景园林建筑常用的结构形式

（1）抬梁式。抬梁式也称叠梁式，就是屋瓦铺设在椽上，椽架在檩上，檩承在梁上，梁架承受整个屋顶的重量再传到柱上，就这样一个抬着一个。抬梁式构架的好处是室内空间很少用柱（甚至不用柱），结构开敞稳重，屋顶的重量巧妙地落在横梁上，然后再经过主立柱传到地上。这种结构用柱较少，由于承受力较大，柱子的耗料比较多，流行于北方，大型的府第及宫廷殿宇大都采用这种结构。

（2）穿斗式。穿斗式又称立帖式，直接以落地木柱支撑屋顶的重量，柱间不施梁而用穿枋联系，以挑枋承托出檐。穿斗式结构柱径较小，柱间较密，应用在房屋的正面会限制门窗的开设，但应用在屋的两侧可以加强屋侧墙壁（山墙）的抗风能力。其用料较小，选用木料的成材时间也较短，选材施工都较为方便，在季风较多的南方一般都使用这种结构。

穿斗式和抬梁式有时会同时应用（抬梁式用于中跨，穿斗式用于山面），发挥各自的优势。还有一些其他非主流的结构，如井干式、密梁平顶式等，它们分别适用于不同的地域和气候。

（3）斗拱。在大型木构架建筑的屋顶与屋身的过渡部分，有一种我国古代建筑所特有的构件，称为斗拱。它由若干方木与横木垒叠而成，用以支挑深远的屋檐，并把其重量集中到柱子上，用来解决垂直和水平两种构件之间的重力过渡。斗拱是我国封建社会中森严等级制度的象征和重要建筑的尺度衡量标准。

一个斗拱由两块小小的木头组成，一块像弯起的弓，一块像盛米的斗，但就是这两块小小的木头托起了整个中华民族的建筑，成为中国传统古建筑艺术最富创造性和最有代表性的部分。

斗拱在我国古代建筑中不但在结构和装饰方面起着重要作用，而且在制定建筑各部分和各种构件的大小尺寸时，都以它作为度量的基本单位。

斗拱在我国历代建筑中的发展演变非常显著，可以作为鉴别建筑年代的一个主要依据。早期的斗拱主要作为结构构件，体积宏大，近乎柱高的一半，充分显示出在结构上的重要性和气派。唐、宋时期的斗拱还保持这个特点，但到明、清时期，它的结构功能逐渐减弱，外观也日趋纤巧，原来的杠杆组织最后沦为檐下的雕刻。虽然斗拱仍旧是中国建筑最有代表性的部分，但却无可奈何地走到了尽头。

2. 风景园林建筑屋顶的主要构造

（1）卷棚：在外观上，屋顶没有正脊，梁架上支承的檩是双数的。卷棚在南方称为"轩"，即房屋前出廊的顶上用薄板做成卷曲弧形开花，因为顶成圆卷形的天棚，所以才带上"卷棚"两字。

其主要做法是先用椽子弯成林拱架，然后沿此在椽子上钉上薄板即成；也有不用薄板而用薄薄的望砖直接搁在木拱架上，望砖涂上白灰，衬托着红褐色的木拱架椽子，非常生动美观。卷棚是园林建筑，常用于廊、厅堂、亭内的装修，用来表达简洁素雅、轻快的气氛，不像天花板那样庄严。

（2）枋：枋的种类主要有额枋、平板枋等。额枋是加强柱与柱之间的联系，并能承重的构件，断面近1∶1，大多置于柱顶，位于柱脚处的称地袱。平板枋位于额枋之上，是承托斗拱之横梁，其下为额枋，相互间用暗销联结。

（3）桁与檩。大木作称为桁，小木作称为檩，依部位可分为脊、上金、中金、下金、正心、挑檐桁。

（4）柱。按结构所处部位分檐柱、金柱、中柱、山柱、童柱。

①檐柱。檐下最外一列柱称檐柱。
②金柱。檐柱以内的各柱，又称老檐柱。
③中柱。在纵向正中轴线上，同时又不是山墙之内顶着屋脊的柱。
④山柱。位于山墙正中处一直到屋脊的柱。
⑤童柱。下端不着地，立于梁上的柱，作用同柱。

二、风景园林建筑的市政设施及设备技术

涉及风景园林建筑的市政设施及设备技术有很多,如消防、防火、供电、照明给水、排水系统及各种服务保障设施等。

(一)消防与防火

传统的风景园林建筑虽为木构架结构,但大多位于风景秀丽的山水之间,建筑密度很小,江南小型园林建筑虽然呈群体布局且密度较大,但多绕水而建,一旦发生火灾可就近取水灭火,因此大多没有专门的消防措施。现存的较大型的风景园林建筑由当地管理部门配备了灭火器等消防设施,基本可满足其消防需要。

对新建的仿古式风景园林建筑和现代风景园林建筑,则按现行消防要求和防火规范进行设计和建造,一般的风景园林建筑大多离水源较近且建筑密度较小,因此因火灾而损毁的情况很少。

(二)供电与照明

供电系统与照明设施是现代风景园林建筑的重要组成部分,与一般民用建筑的规划设计有相同之处,也有其自身的要求。

1.供电所(室)的选址

(1)应接近供电区域的负荷或网络中心,进、出线方便。

(2)尽量不设置在有剧烈震动的场所及易燃易爆物附近。

(3)不设置在地势低洼及潮湿地区。

(4)交通运输方便,且游人不易接触到的区域。

2.供电线路

(1)基于景观效果及安全的需求,供电线路如电缆等一般不应架空敷设,宜用埋地敷设方式。埋地敷设方式多采用预制管或电缆沟道敷设。

(2)供电线路应采取保护措施,如采用铠装电缆、塑料护套电缆等;对于特殊地段如有腐蚀性、振动、压力等情况的还应采取相应的措施。

（3）沿同一路径敷设的电缆根数不多于 8 根。

3. 照明设计

风景园林中的照明主要是为园路设置的，照明线都是从变电和配电所引出一路专用干线至灯具配电箱，再从配电箱引出多路支线至各条园路线路上。路灯的线路长度一般控制在 1 000 m 以内，以便减小线路末端的电压损失，提高经济性；若超过 1 000 m，宜在支线上设置分配电箱。

园林中的路灯形式很多，一般分为杆式道路灯、柱式庭院灯、短柱式草坪灯及各种异型灯等。风景园林中使用的杆式道路照明灯，高度一般为 5~10 m，采用线性布置，间距一般为 10~20 m。柱式庭院灯应用广泛，布置灵活，高度一般为 3~5 m，间距一般为 3~6 m。短柱式草坪灯形式多样，装饰性强，因此在风景园林中随处可见，高度一般为 0.5~1.0 m，间距一般为 1~3 m。以上路灯形式及间距均可在实际应用中根据设计的需要进行调整。

（三）给水与排水

1. 风景园林中的给水

选择给水水源，应先满足水质良好、水量充沛、便于防护的要求。城市中的园林可直接从就近的城市给水管网接入，而城市外的风景名胜区可优先选用地下水，然后是河、湖、水库的水。城市中风景园林给水系统的主要功能之一就是灌溉，灌溉系统是园艺生产最重要的设施。实际上，对于所有的园艺生产，采取何种灌溉方式直接关系到产品的生产成本和作物的质量，进而关系到生产者的经济利益。

在切花生产中普遍使用的灌溉方式大致有三种，即漫灌、喷灌和滴灌，近年国外又发展了渗灌，下面将介绍前面的三种灌溉方式。

（1）漫灌。这是一种传统的灌溉方式。目前，我国大部分花卉生产者采用了这种方式。漫灌系统主要由水源、动力设备和水渠组成。首先用水泵将水自水源地送至主水渠，其次分配到各级支渠，最后送入种植畦内。一般浇水量以漫过畦面为止，也有生产者用水管直接将水灌入畦中。漫灌是水资源利用率最低的一种灌溉方式。第一，这种方式无法准确控制灌水量，不能根据作物的需水量灌水；第二，一般水渠，尤其是支渠，是人工开挖的土渠，当水在渠中流过时，就有相当一部分水通过水渠底部及两壁渗漏损失掉了；第三，灌水时，水漫过整个畦面并浸透表土层，全部的土壤孔隙均被水充满而将其中的空气排掉，植物根系在一定时期内就会处在缺氧状态，无法正常呼吸，这必然影响植物整体的生长发育；第四，在连续多次的漫灌以后，畦内的表土层会因沉积作用而变得越来越"紧实"，这就破坏了表土层的物理结构，使土壤的透气性和透水性越来越差；第五，漫灌还使作物根系活动层内的土壤盐渍度均匀增加，如果淋洗不充分，灌水频率低或土壤蒸发量大，则土壤盐渍度（特别是土壤表层）会随灌水间隔时间的加长而增加。总之，漫灌是效果差、效率低、耗水量大的一种较陈旧的灌溉方式。随着现代农业科学技术的发展，漫灌将逐渐被淘汰。

（2）喷灌。喷灌系统可分为移动式喷灌和固定式喷灌两种。移动式喷灌系统用于切花生产的保护地。这种"可行走"的喷灌装置能完全自动控制，可调节喷水量、灌溉时间、灌溉次数等，其价格高，安装较复杂，使用这种系统将增加生产成本，但效果好。固定式喷灌系统较移动式应用更为普遍，且有多种形式。固定式喷灌装置的购置及安装费用比较低，且操作管理比移动式喷灌要简单，灌溉效果很好，所以很受生产者欢迎。

根据栽培作物的种类和生产目的不同，喷灌装置的应用也不同。比如，在通过扦插繁殖的各种作物的插条生产中，一般要求通过喷雾控制环境湿度，以使插条不萎蔫，这样有利于作物尽快生根。在这种情况下，需要喷出的水呈雾状，水滴越细越好，而且喷雾间隔时间较短，每次喷雾的时间为十几或几十秒。比如，切花菊插条的生产，在刚刚扦插时，每隔 3 min 喷雾 12 s 以保持插条不失水，有时还在水中加入少量肥分，以使插条生根健壮，称为"营养雾"。在生产切花时，不要求水滴很细，只要喷洒均匀，水量合适即可。

一个喷灌系统的设计和操作，首先应注意使喷水速率略低于土壤或基质的渗水速率；其次，每次灌溉的喷水量应等于或稍小于土壤（或基质）的最大持水力，这样才能避免地面积水或破坏土壤的物理结构。

喷灌较之漫灌有很多优越性。第一，喷水量可以人为控制，使生产者对灌溉情况心中有数；第二，避免了水的浪费，同时使土壤或基质灌水均匀，不至于局部过湿，对作物生长有利；第三，在炎热季节或干热地区，喷灌可以增加环境湿度，降低温度，从而改善作物的局部生长环境，所以有人称之为"人工降雨"。

（3）滴灌。一个典型的滴灌系统由蓄水池（槽）、过滤器、水泵、肥料注入器、输入管线、滴头和控制器等组成。一般利用河水、井水等系统时都应设计水池，但如果使用量大或使用时间过长，则供水网内易产生水垢及杂质堵塞现象。因此，在滴灌系统运行中，清洗和维护过滤器是一项十分重要的工作。

使用滴灌系统进行灌溉时，水分在根系周围土壤的分布情况与漫灌大不相同。滴灌系统直接将水分送到作物的根区，其供水范围如同一个大水滴，将作物的根系"包围"起来，这样的集中供水，大大提高了水的利用率，减少了灌溉水的用量，又不影响作物根系周围土壤的气体交换。除此之外，使用滴灌技术的优越性还有：第一，可维持较稳定的土壤水分状况，有利于作物生长，进而可提高农产品的产量和品质；第二，可有效地避免土壤板结；第三，由于大大减少了水分通过土壤表面的蒸发，土壤表层的盐分积累明显减少；第四，滴灌通常与施肥结合起来进行，施入的肥料只集中在根区周围，这在很大程度上提高了化肥的使用效率，减少了化肥用量，不但可以降低作物的生产成本，而且减少了环境污染。

从目前中国的水资源状况以及人口和经济发展前景来看，有必要大力提倡在农业生产中（尤其是在园艺生产中）使用滴灌技术。在我国很多大中城市及其周围地区，地下水位下降的趋势已十分明显，在这些地区的蔬菜和花卉等园艺生产中都推广使用滴灌技术，将会有效地节约农业生产用水，有利于保护这些地区的地下水资源。

2. 风景园林中的排水

（1）污水分类。污水按其来源和性质一般可分为以下三类。

生活污水。生活污水是来自办公生活区的厨房、食堂、厕所、浴室等人们在日常生活中使用过的水，一般含有大量的有机物和细菌。生活污水必须经过适当处理，使其水质得以改善后方可排入水体或用以灌溉农田。

生产污水。生产污水是景区内的工厂、服务设施排出的生产废水，水质受到严重污染，有时还含有毒害物质。

降水。降水是地面上径流的雨水和冰雪融化水，降水的特点是历时集中，水量集中。

（2）排水系统的组成和体制。排水系统主要由污水排水系统和雨水排水系统组成。其中，污水排水系统由室内卫生设备和污水管道系统、室外污水管道系统、污水泵站及压力管道、污水处理与利用构筑物、排入水体的出水口等组成，雨水排水系统由房屋的雨水管道系统和设备、景区雨水管渠系统、出水口、雨水口等组成。

对生活污水、生产污水和雨水所采用的汇集排放方式，称作排水系统的体制。排水系统的体制通常有分流制和合流制两种类型。

分流制排水系统。生活污水、生产污水、雨水用两个或两个以上排水管道系统汇集与输送的排水系统，称为分流制排水系统。有时公园里的分流制排水系统仅设污水管道系统，不设雨水管道，雨水沿地面、道路边沟排入天然水体。分流制有利于环境卫生的保护及污水的综合利用。

合流制排水系统。将污水和雨水用同一管道系统进行排除的体制，称为合流制排水系统。合流制排水系统的优点是合流制管道排水断面增大，总长度较分流制排水系统少30%~40%，从而降低了管道投资费用；暴雨期间管道可得到冲洗，养护方便；污水、雨水合用一管道，有利于施工。合流制排水的缺点是由于管道断面较大，晴天污水流量很小，往往产生污物淤积管道现象，影响环境卫生；混合污水综合利用较困难，现在新建工程中多不采用合流制排水系统。

（3）排水方式。污水、雨水管道在平面上可布置成树枝状，并顺地面坡度和道路由高处向低处排放，尽量利用自然地面或明沟排水，减少管道埋深和费用。常用的排水方式有以下几种。

利用地形排水。通过竖向设计将谷、涧、沟、地坡、小道顺其自然适当加以组织划分排水区域，就近排入水体或附近的雨水干管，可为国家节省工程投资。利用地形排水，地表种植草皮，最小坡度为5%。

明沟排水。主要指土明沟，也可在一些地段视需要砌砖、石或混凝土明沟，其坡度不小于4%。

管道排水。将管道埋于地下，有一定坡度，通过排水构筑物等将污水、雨水排出。公园里一般采用明沟与管道组成的混合排水方式。

在我国，园林绿地的排水主要采用地表及明沟排水的方式，暗管排水只是局部的地方采用，仅作为辅助性的排水方式。这不仅仅是出于经济上的考虑，而且有实用意义，并易与园景取得协调，如北京颐和园万寿山石山区、上海复兴岛公园，几乎全部用明沟排水。但采用明沟排水应结合当地的地形因势利导，做成一种浅沟式的，沟中也有一些植物。这种浅沟开工对穿越草坪的幽径尤其适合，但在人流集中的活动场所，为交通安全和保持清洁起见，明沟可局部加盖。

（4）地表径流的排除。为使雨水在地表形成的径流能及时排除，但又不造成流速过大而冲蚀地表土，导致水土流失，应综合考虑水系安排和地形的处理。

竖向规划设计应结合理水综合考虑地形设计。首先，控制地面坡度，避免径流速度过大而引起地表冲刷。当坡度大于8°时，应检查是否会产生冲刷，如果产生冲刷则应采取加固措施。同一坡度（即使坡度不大）的坡面不宜延伸太长，应有起伏变化，使地面坡度陡缓不一，避免地表径流冲刷到底，造成地表及植被破坏。其次，利用顺等高线的盘道谷线等组织拦截，整理组织分散排水，并在局部地段配合种植设计，安排种植灌木及草皮进行护坡。

三、园林景观施工造价存在的问题及控制措施

（一）园林景观施工造价控制概述

园林景观施工泛指包括城市绿地以及园林建筑工程在内的环境建设工程，主要涵盖的内容包括园林绿化和园林建筑工程。园林景观工程的实施过程包括工程项目的设计、施工、招投标以及养护阶段等，施工阶段是建筑工程价值实现的主要阶段，也是园林景观造价控制的重要环节。我国园林景观工程造价体系发展比较落后，当前采用的工程造价主要以市场机制为前提。在园林景观工程造价中，不仅具有一般建筑工程造价普遍存在的动态性、大额性等特点，还具有综合性、边缘性以及独特性等特点。现代园林设计中往往涉及植物学、生态学以及工程学等方面内容，因此属于非常完整的造价标准体系。园林景观造价主要包括工程直接费用和工程间接费用。在计算园林工程造价时，既要依据园林景观设计图，又要根据真实的市场价格进行计算。

（二）施工造价存在的问题

施工阶段造价控制是园林造价控制中的重要环节。影响施工阶段造价控制的因素包括物价因素、政府控制因素以及技术因素等。

当前在园林景观施工造价中主要存在以下几方面的问题。

（1）施工合同内容包括工程质量、工期、时间、材料以及验收等，以及各方需要承担的责任。若是施工合同条款拟定不合理，会影响施工阶段的工作，导致工程造价超出预算。

（2）施工组织设计不合理。由于没有充分掌握施工现场的具体情况，导致设计方案不合理，增加了施工成本。如在大树种植中，为保证施工效益和成活率，一般采取机械化作业，但在园林工程现场施工中却发现大型机械难以通过，导致机械没有派上用场，增加了成本投入。

（3）施工现场管理混乱。部分管理人员没有接受系统的培训，对现场的管理出现漏洞，导致施工中出现变更项目的情况，增加了成本投入。

（三）施工造价控制措施

（1）加强质量控制。在工程施工阶段，影响工程质量的因素有很多，需要严格控制，具体包括事前控制、事中控制和事后控制几方面。

在事前控制中，要求参与工程施工的操作者、指挥者等必须优选施工人员，非常了解现场施工情况。加强对材料等的控制，以保证工程质量。在设备控制中，需要从设备的选型、性能参数以及使用等方面严格要求，保证设备使用的便利性和经济性。在具体施工中，还需要根据工程的具体特点和条件，严加控制影响质量的环境因素。在事中控制中，涉及的主要内容包括工序质量控制、质量检查以及成品保护等。在事后控制中，需要严格执行国家的相关标准，保证工程造价不受工期的影响。

在质量控制中，需要加强监理工作。建筑单位需要通过招投标的方式，建立技术水平高的监理队伍。监理部门不仅要懂设计与施工技术，还要有一定的经济观点，能够将监理工作与工程造价紧密地联系在一起，严格控制施工图预算以外的费用。通常施工单位编制施工图的预算，经过建筑单位审核后方可实施，一旦双方均同意施工图预算，就会作为工程包干和工程结算的依据。

在材料造价控制中，只有严格规范工程设计变更情况，才能更好地控制工程造价。在施工中定期分析实际值与目标值之间的偏差，采取有效的控制措施，是控制工程造价的重要环节。工程师需要认真审核施工组织计划，综合评审经济技术，加强造价控制。如在山东昌乐仙月湖景观工程施工中，原施工设计中挖出的土方全部运回，经过现场勘察，发现资金并未到位，现场存在旧厂房可以利用，经过协商采用旧厂房，达到了节约运费的目的。建筑单位和施工单位需做好材料把关工作，避免实际价格与预算价格出现极大的反差。

管理人员在签订建设工程合同时，需要格外注意非施工单位引起的经济损失。在工程实施中，由于存在很多的不利因素，如自然条件、社会等因素，会导致园林景观工期延长。因此，需要加强合同管理，全过程控制和监督合同的实施情况，控制工程造价。

（2）加强进度控制。在园林景观施工中影响工期的因素有很多，如项目的实施条件不足、设计单位拖延设计进度以及天灾等情况。在控制工期中，需要采取积极的组织措施控制施工造价，分析施工中可能影响工期目标实现的干扰和风险因素，积累统计资料，计算不同因素影响工期的概率等。在工程进度安排中，运用先进的网络计划技术，合理地安排各个阶段的时间，更好地调节人力、物力的使用，控制成本投入。在施工过程中，为协调各工种的工作，需要保持适当的工作面，按照计划完成施工任务，减少造价。在签订合同时，应明确规定出工期，并采取管理手段严格控制工期。

在审查施工组织设计中，应采取经济观点进行。施工组织设计是施工准备和现场指导的重要组成部分，对工程任务的施工至关重要。在施工前需要全面部署各项活动作业，协调好施工组织各阶段以及各项目间的关系，保证以最小的资本投入获得最大的经济效益。利用现有机械设备内部进行合理调度，机械化作业与非机械化作业相结合，达到连续作业的高效性，降低工程成本。

（3）加强工程结算控制。在工程结算审核方面，需要充分做好竣工结算审核的准备工作，明确竣工的时间、工程竣工结算方式以及结算审核机构的各个负责人。在内审中要依照工作安排的时间，与公司造价部共同分析审核的难点和重点，再汇报给业主。在审核中要抓住重点，分析审核材料的准确程度，仔细验算工程量，全面了解实际苗木的采用情况。

在施工索赔管理中，要加强管理工作，避免造成经济损失。在索赔中要明确索赔的条件，要求设计单位出具变更通知单等，严格遵守索赔程序。在反索赔中要认真履行合同，避免增加造价；熟悉合同文件，建立自己的反索赔权，采用正确的方法，在规定的实现范围内回答索赔要求，避免索赔合并积压，以致难以解决。

第五章　VR技术在园林规划与设计中的应用

在当今的科技发展趋势下，园林景观设计将借助更多的新型技术进行设计操作与表达，而 VR 技术更是新兴技术的代表。本章将对 VR 技术在园林规划与设计中的应用进行分析。

第一节　VR 技术概述

一、VR 技术

（一）VR 技术概念

虚拟现实（Virtual Reality，简称 VR）技术的概念是 1989 年美国 VPL Research 公司创始人 Jaron Lanie 提出的，它是一种计算机领域的最新技术。这种技术的特点在于以模拟的方式为用户创造一种虚拟的环境，通过视、听、触等感知行为使得用户产生一种沉浸于虚拟环境中的感觉，并能与虚拟环境相互作用，从而引起虚拟环境的实时变化。

虚拟现实是一种可以创建和体验虚拟世界（Virtual World）的计算机系统。虚拟世界是全体虚拟环境（Virtual Environment）或给定仿真对象的全体。虚拟环境是由计算机生成的，通过视、听、触觉等作用于用户，使其产生身临其境的感觉的交互式视景仿真。

虚拟现实技术是一系列高新技术的汇集，包括计算机图形技术、多媒体技术、人工接口技术、实时计算技术、人类行为学研究等多项关键技术。它突破了人、机之间信息交互作用的单纯数字化方式，创造了身临其境的人机和谐的信息环境。一个身临其境的虚拟环境系统是由包括计算机图形学、图像处理与模式识别、智能接口技术、人工智能技术、多传感器技术、语音处理与音像技术、网络技术、并行处理技术和高性能计算机系统等不同功能、不同层次的具有相当规模的子系统所构成的大型综合集成环境，所以虚拟现实技术是综合性极强的高新信息技术。

（二）VR 技术特性

虚拟现实技术是具有 3D 特性的虚拟现实实现方法的统称。虚拟现实系统的三个基本特征包括沉浸（Immersion）、交互（rate racoon）和构想（Imagination）。

二、VR 技术在风景园林规划与设计中的意义

虚拟现实技术对风景园林的规划与设计产生了重要的影响，这主要是基于虚拟现实技术的特色实现的。虚拟现实技术的主要特色如下。

虚拟现实技术可以在运动中感受园林空间，模拟多种运动方式，在特定角度观察园林作品；还可根据人的头部运动特征和人眼的成像特征，通过仿步行、仿车行等逼真漫游方式，以"真人"视角漫游其中，随意观察任意人眼能够观察到的角落。这种表现方式比三维漫游动画更加自由、真实。

通过"真人"视角漫游，可使沉浸其中的"游人"更好地感受园林空间的"起承转合"和园林的"意境"氛围，这对于虚拟现实技术在风景园林规划与设计中的表现具有很大的意义。可结合园林基址、街景要素、人在园路上的动态特性和虚拟现实本身所具有的最优漫游路径的实现方法，创作出较合适的园林路径，使在虚拟风景园林基址环境、半建成环境和建成环境中漫游成为可能。在这样的漫游过程中，沿着路径前行，得到"亲临现场"的效果，在"现场"中，直接应用安全性原则、交往便利性原则、快捷和舒适性原则、层次性原则，生态性原则、美学原则等诸多园林设计理念进行推敲、漫游、辅助设计的修改，从而实现对规

划与设计的优化。

虚拟现实技术可以和地理信息系统相结合，对地理信息系统辅助风景园林规划进行进一步改进；同时，通过地理信息系统的地图可以清晰地得知"游人"在园林中的具体位置。

虚拟现实技术可以应用于网络，跨越时间和空间的障碍，在互联网上实现风景园林规划与设计的公众参与和联合作图。

虚拟现实技术还可以用于风景园林规划与设计专业的教学、公共绿地的防灾、风景园林时效性的动态演示和风景园林的综合信息集成等。

三、VR 技术实现方法

虚拟现实技术的实现方法主要有以下三大类：第一类，通过直接编程实现，如 VRML、C++、Delphi 等；第二类，基于 OpenGL 图形库编写程序建模，同时添加实时性和交互性功能模块实现；第三类，直接通过建模软件和虚拟现实软件共同实现，如 MayaRTA、Virtools、Cult3D、Viewpoint、Pulse3D、Atmosphere、Shockwave3D、Blaxxun3D、Shout3D 等，这类方法当前是主流。

常见的 Web3D 虚拟现实技术有 Viewpoint、Cult3D、Pulse3D、Shockwave3D、Shout3D、Blaxxun3D、3DwebMaker、3DBrowser、3DSNet、AXELedge、Quest3D2.0、Trueversion3D、Java3D、B3D、EON Studio、Fluid3D、SVR 技术、VRML 语言等。

非 Web3D 的虚拟现实技术实现方法有 MultiGenVegaPrime、Virtools、MAYA RTA、Live Picture、Muse、WildTangent、GameStudio、Plasma、Director、Anark Studio、Virtual WorldToolkit、Vecta3D、3DML 语法等。

国内虚拟现实公司所用的国产软件大部分是基于 VRML 语言上的再开发，历史上较成熟的国产软件——Rocket3D Studio 和 Rocket3D Engine 的前景并不看好，几近销声匿迹。其广泛应用于城市规划、小区建设领域，并正逐步向其他领域拓展，如园林设计、电力系统设计、油田地面与地下工程、天然气地下管网等。

四、VR 技术实现方法的应用分析评价

VR 技术实现方法的应用分析评价分为两个步骤：其一，确定虚拟现实应用的准则和评价指标；其二，选出进行评价的虚拟实现方法。

1. 从 VR 特性对园林的影响确定评价准则和技术评价指标

是否具备交互性是风景园林虚拟现实场景和风景园林三维漫游动画的主要区别之一，交互性对风景园林规划与设计创作意义重大。交互性的技术基础是"实时渲染"，实时渲染速度和渲染场景的准确性是决定虚拟现实场景具有实用价值最重要的因素，实时快速、准确地表达设计师的意图以及场景的氛围是决定风景园林规划与设计成果的关键。故将交互度作为评价准则是合理的，同时可以将快速、准确作为交互度准则下的评价指标。

风景园林虚拟场景的沉浸性建立在交互性基础上，同时要求有更高的视觉质量、声学质量和光学质量。在模拟园林要素方面，从视觉质量上来说，所生成园林要素的逼真效果是最重要的。实时渲染虚拟现实图像要求具有较高的胶片解析精度。如果图像中园林要素的精度过低，即使交互性再好、交互度再高也没用。从声学质量上来说，在虚拟现实场景中，物体具有较真实的声学属性，不同的事件具有相应的伴奏（如水声、风声等），为用户在虚拟现实场景中的浸入增强真实性。从光学质量上看，虚拟现实系统通过全局照明模型来反映复杂的内部结构。在虚拟现实场景中园林要素的光学表现不是单调不变的，它与所选时段的太阳位置、景物的朝向、园林建筑玻璃幕墙的状况，建筑内部光源的位置设置、运动状态等各种复杂因素密切相关。故可将真实度作为评价准则，视觉质量、光学质量和声学质量作为其中的评价指标。

要提高沉浸性，首先要保证交互度和真实度，以及保证模拟园林要素的类型（如植物、建筑、喷泉等）的丰富完备；其次，要保证园林要素的物理表达情况和运动属性，如植物生长特性、枝干的力学特性等，园林景观生命周期的实现能

力，如模拟植物群落的生命周期性和"断桥残雪"等景观的生命周期性等，以及园林要素的运动属性，如建筑内部门窗的开关、喷泉的开启等；再次，要保证"人"的运动属性，可以按照人的不同状态（如老年人、儿童和残疾人）或按不同运动方式（如步行、车行）进行。将上述要保证的内容总结为功能度准则，将模拟园林要素的类型、模拟园林要素的物理状况和模拟"人"的运动属性状况作为功能度准则下的评价指标。

2. 从计算机辅助园林设计的发展现状确立评价准则和评价指标

计算机辅助园林设计的发展经历了 CAD 辅助园林设计、PS 等图片处理软件和 3DMax 等建模软件辅助园林设计、3S 辅助风景园林规划与设计的历程。

年轻一代的风景园林师已经基本掌握了上述计算机软件工具，事实证明，基于 3DS Max 建模的虚拟现实方法，对风景园林师来说更容易掌握。另外，各种虚拟现实技术软件插件的开放程度（指软件后续开发的能力和利用其他软件资源的能力）是不同的，有些方法可支持多种格式的输出，输出的文件可在其他操作环境中无损地打开，加上软件或插件的更新换代日益加快，故具有开放的接口、实时的更新能力也是软件所必需的评价指标之一。

每种虚拟现实技术拥有的制成模型的丰度和制作虚拟现实场景的速度有所不同。使用度处于评价准则层次，而每种方法掌握难易程度、开放程度和制作虚拟现实场景的速度是其评价指标。

虚拟现实技术应用于风景园林规划与设计领域已日趋成熟，虚拟现实技术和GIS 相结合共同辅助规划与设计已经成为园林设计的一个方向。在互联网迅速发展的今天，虚拟现实技术和互联网技术相结合，在用于规划设计的公众参与和联机操作中显得尤为重要。

第二节　VR 技术的应用基础

一、VR 基础

网络技术与图形技术在开始结合时只包含二维图像，而万维网技术开创了以图形界面方式访问的方法。

VRML97 在 VRML 2.0 的基础上只进行了少量的修正。VRML 规范支持纹理映射、全景背景、雾、视频、音频、对象运动和碰撞检测等一切用于建立虚拟世界的东西。但受限于当时的网络传输速率，VRML 在当时并没有得到预期的推广运用。VRML 是几乎没有得到压缩的脚本代码，加上庞大的纹理贴图等数据，要在当时的互联网上传输很困难。

在 VRML 技术发展的同时，其局限性也开始暴露。VRML97 发布后，互联网上的 3D 图形几乎都使用了 VRML。但许多制作 Web3D 图形的软件公司的产品，并没有完全遵循 VRML97 标准，而是使用了专用的文件格式和浏览器插件。这些软件比 VRML 先进，在渲染速度、图像质量、造型技术、交互性以及数据的压缩与优化上，都比 VRML 完善，比如 Cult3D、Viewpoint、GL4 Java、Flatland 等。

X3D 标准的发布，为 Web3D 图形提供了广阔的发展前景。交互式 Web3D 技术将主要应用在电子商务、联机娱乐休闲与游戏、可视化的科技与工程、虚拟教育（包括远程教育）、远程医疗诊断、医学医疗培训、可视化的 GIS 数据、多用户虚拟社区等方面。

广大风景园林从业人员当前多使用 3DSMax6.0 或 3DSMax7.0 版本，这些应用依然是 VRML97 版本。此外，对数据库连接、地理信息系统、国际互联网等的研究均建立在对 VRML97 研究成果之上，故仍然采用 VRML97 标准。

二、VRML 特点

虚拟现实三维立体网络程序设计语言具有如下四大特点：

（1）VRML 具有强大的网络功能，可以通过运行 VRML 程序直接接入 Internet。可以创建立体网页和网站。

（2）具有多媒体功能，能够实现多媒体制作，合成声音、图像，以达到影视效果。

（3）创建三维立体造型和场景，实现更好的立体交互界面。

（4）具有人工智能功能，主要体现在 VRML 具有感知功能上。可以利用感知传感器节点来感受用户及造型之间的动态交互感觉。

虚拟现实三维立体网络程序设计语言 VRML 是第二代 Web 网络程序设计语言，是 21 世纪主流高科技软件开发工具，是把握未来宽带网络、多媒体及人工智能的关键技术。

三、VRML 相关术语

VRML 涉及一些基本概念和名词，它们和其他高级程序设计语言中的概念一样，是进行 VRML 程序设计的基础。

（一）节点

节点是 VRML 文件最基本的组成要素，是 VRML 文件基本组成部分。节点是对客观世界中各个事物、对象、概念的抽象描述。VRML 文件就是由许多节点并列或层层嵌套构成的。

（二）事件

每一个节点都有两个事件，即一个"入事件"和一个"出事件"。在多数情况下，事件只是一个要改变域值的请求："入事件"请求改变自己某个域的值，而"出事件"则是请求别的节点改变它的某个域值。

（三）原型

原型是用户建立的一种新的节点类型，而不是一种"节点"。进行原型定义就相当于扩充了 VRML 的标准节点类型集。节点的原型是节点对其中的域、入事件和出事件的声明，可以通过原型扩充 VRML 节点类型集。原型的定义可以包含在使用该原型的文件中，也可以在外部定义。原型可以根据其他的 VRML 节点来定义，或者利用特定浏览器的扩展机制来定义。

（四）物体造型

物体造型就是场景图，由描述对象及其属性的节点组成。在场景图中，一类由节点构成的层次体系组成，另一类则由节点事件和路由构成。

（五）脚本

脚本是一套程序，是与其他高级语言或数据库的接口。在 VRML 中，可以将 Script 节点利用 Java 或 JavaScript 语言编写的脚本来扩充 VRML 的功能。脚本通常作为一个事件级联的一部分来执行，脚本可以接受事件，处理事件中的信息，还可以产生基于处理结果的输出事件。

（六）路由

路由是产生事件和接受事件的节点之间的连接通道。路由不是节点，路由说明是为了确定被指定的域的事件之间的路径而人为设定的框架。路由说明可以在 VRML 文件的顶部，也可以在文件节点的某一个域中。在 VRML 文件中，路由说明与路径无关，既可以在源节点之前，也可以在目标节点之后，在一个节点中进行说明，与该节点没有任何联系。路由的作用是将各个不同的节点联系在一起，使虚拟空间具有更好的交互性、立体感、动感性和灵活性。

四、VRML 编辑器

VRML 源文件是一种 ASCII 码的描述语言，可以使用计算机中的文本编辑器编写 VRML 源程序，也可以使用 VRML 的专用编辑器来编写源程序。

（一）用记事本编写 VRML 源程序

在 Windows 操作系统中，在记事本编辑状态下，创建一个新文件，开始编写 VRML 源文件。但要注意所编写的 VRML 源文件程序的文件名，因为 VRML 文件要求文件的扩展名必须是以 wrl 或 wrz 结尾，否则 VRML 的浏览器将无法识别。

（二）用 URML 的专用编辑器编写源程序

Vm 1 Pad 编辑器是由 Parallel Graphics 公司开发的 VRML 开发工具。此外，VRML 开发工具还有 Cosmo World，Internet3D Space Builder 等。VRMLPad 编辑器和其他高级可视化程序设计语言一样，工作环境由标题栏、菜单栏、工具栏、功能窗口和编辑窗口等组成。

第三节　VR 技术对园林规划与设计的影响

一、VR 技术特性对园林规划与设计发展的影响

（一）VR 技术的交互性、沉浸性对园林规划与设计表现的影响

VR 技术表现手法和传统表现手法的区别。传统的风景园林规划与设计表现方法有效果图、鸟瞰图、风景园林模型、漫游动画等，具备交互性和沉浸性的虚拟现实场景和传统表现方法的区别如下。

1.VR 技术与 CAD 的区别

和 CAD 相比，VR 技术在视觉建模中还包括运动建模、物理建模以及 CAD 不可替代的听觉建模。因此，VR 技术比 CAD 建模更加真实，沉浸性更强；而 CAD 系统很难具备沉浸性，人们只能从外部去观察建模结果。基于现场的虚拟现实建模有广泛的应用前景，尤其适用于那些难以用 CAD 方法建立真实感模型的自然环境。

2.VR 技术与传统模型的区别

观看传统模型就像在飞机上看地面的园林一样，无法给人正常视角的感受。由于传统方案工作模型经过大比例缩小，因此只能获得鸟瞰形象，无法以正常人的视角来感受园林空间，无法获得在未来园林中人的真实感受。同时，比较细致真实的模型做完后，一般只剩下展示功能，利用它来推敲、修改方案往往是不现实的。因此，设计师必须靠自己的空间想象力和设计原则进行工作，这是采用工作模型方法的局限性。VR 以全比例模型为描绘对象，在 VR 系统中，观察者获得的是与正常物理世界相同的感受。与传统模型相比，虚拟园林在以下几个方面具有更加真实的表现，从而具备无与伦比的沉浸性。

（1）运动属性。运动属性具有两层含义：其一，可以用正常人的视角，包括老年人、儿童和残疾人（具体为盲人和肢残）的视角来进行运动或以步行、车行等方式来进行运动，可以更好地对方案进行比较和推敲。其二，虚拟环境中的物体分为静态和动态两类。在园林内部，地面、墙壁、天花板等是静态物体；门、窗、家具等为动态物体。动态物体具有与真实世界相同的运动属性。门窗可开关，家具的位置可以根据用户需要进行改变，再现了物理世界的真实感。

（2）声学属性。在虚拟现实场景中，物体具有真实的声学属性，不同的事件具有相应的伴音，如水声、风声等，为用户在虚拟现实场景中的浸入增强。

（3）光学属性。虚拟现实系统通过全局照明模型来反映复杂内部结构。在虚拟现实中园林的光学表现不是单调不变的，它与所选时段的太阳位置，园林物的朝向、玻璃幕墙的状况、内部光源的位置设置、运动状态等各种复杂因素密切相关。

3.VR 技术与 3D 动画的区别

3D 动画与虚拟现实在表面上都具有动态的表现效果，但究其根本，两者仍然存在以下几个方面的本质区别：

（1）虚拟现实技术支持实时渲染，从而具备交互性；3D 动画是已经渲染好的作品，不支持实时渲染，不能在漫游路线中实时变换观察角度。

（2）在虚拟现实场景中，观察者可以实时感受到场景的变化，并可修改场景，从而更加有益于方案的创作和优化；而动画改动时需要重新生成，耗时、耗力、成本高。

（二）基于 VR 技术的虚拟现实场景特色

（1）可在运动中感受园林空间，模拟多种运动方式，以特定角度观察园林。还可根据人的头部运动特征和人眼的成像特征，通过步行、车行等逼真漫游方式，随意观察任意一个人眼能够观察到的角落，这是"主题漫游"辅助设计理论的基础。

（2）沉浸于其中的"游人"可以感受到园林空间的"起承转合"和园林"意境"氛围。

（3）可以和地理信息系统相结合，通过地理信息系统的地图，清晰地得知"游人"在园林中所处的具体位置。

（4）可以应用于网络，跨越时间和空间的鸿沟，进行虚拟漫游。

二、VR 技术特性对园林规划与设计创作的影响

资料显示，二维的平面设计存在一些缺陷。虚拟现实技术使得根据人的视高、人的头部运动特征、人眼的视野特征和运动中人眼的成像特点模拟真实的人在虚拟风景园林基址环境、半建成环境和建成环境中漫游成为可能，在这样的漫游过程中，沿着路径前行，得到近似于"亲临现场"的效果，在"现场"中，直接应用安全性原则、交往便利性原则、快捷和舒适性原则、层次性原则、生态性原则、美学原则等诸多园林设计理念进行推敲和漫游，效果比二维想象好许多。

在一次次"漫游"的过程中，更换自己的"替身"，或为"八十老妪"，或为"黄发垂髫"，应用他们的视高、视野和人眼成像情况，进行实时的修改、替换，可以做到更好的"以人为本"。

虚拟现实技术应用于风景园林规划与设计创作中，使地理信息系统和国际互

联网相结合，可以用于风景园林的规划和实现风景园林规划与设计的公众参与。此外，虚拟现实技术还可以用于风景园林规划与设计专业的教学、公共绿地的防灾和风景园林的综合信息集成。总之，虚拟现实技术将对辅助园林设计产生新的意义和影响。

第四节　VR 技术在园林规划与设计中的应用

一、VR 技术在园林规划设计阶段中的应用

VR 技术能够从"真人视角漫游"的视角沉浸到基址和临时建设好的风景园林场景中，能够对自然要素如地形、光和风进行充分模拟，且其可和 GIS 完美结合，是虚拟现实技术辅助风景园林规划与设计的优势，这些优势是单纯的二维创作规划与设计很难做到的。VR 技术的优势具体表现如下。

根据设计任务书、地形图和比较明确的限定条件，利用已有的电子地图与虚拟城市地块模拟系统，建立虚拟基地环境。

使用 VRGIS 对基地的自然条件进行模拟，分析基地范围内的道路、树木、河流等的情况，对基地坡度和地形走势进行多角度、多方位的观察研究，以便清楚地知道基地可以作为不同用途的限制条件。

通过环境中的日照和风向的虚拟研究，为绿地空间营造分区提供依据。环境与基地限定中理想的园林形态，在基地环境中漫游，进行多方案比较，是我们在方案构思初始阶段可采用的方法。具体实施步骤如下：第一，根据场地状况及现有景观和"真人视角漫游"的特点，辅助确定园林路径。第二，根据确定的园林道路和实际视觉的特点，进行"主题漫游"，把握空间性质，创造富有韵律的景观空间。

在有景的地段，通过借景和"真人视角漫游"中不同运动特点，可以辅助确

定园路的路径。

1. 场地借景要素和辅助确定园林路径的注意事项

根据场地的景观现状,通过实际"真人视角漫游",寻找做到良好的真正的"因借"效果的路径。园林道路景观的借景要素可分为地形、地貌、水体、气象和气候植被等几个方面。

(1)依地形、地貌的因借原则辅助确定园路路径。根据"真人视角漫游"推敲出具备"三性"的道路路径,这"三性"具体如下:

①延展性:山地道路景观有更多的视觉想象空间,富于延展性和流动性。

②眺望性:地形的高差使得道路景观有更多的眺望点,同时能够获得比平地更为开阔的视野。

③可视性:由于地形的变化,山地的道路景观可视率变大,视觉景观更佳。

(2)依水体的因循原则辅助确定园林路径。在寻找路径时,应用"真人视角漫游",可以准确把握园林路径,同时要注意考虑水面的反射效果,包括建筑、天空、植物、人流等,这些均会成为水面反射的内容。在细部道路推敲上,应注意模拟人能触及的水景部分,比如高度、深度、平面比例等,能否予以人亲切感、舒适感;堤岸、桥、水榭、山石等环境要素的整体配合,能否达到预期的衬托效果,这样可以更好地处理园路的边缘空间。

2. 根据人的动态特性确定园林道路的事项

作为主体的人会以各种方式(漫步、骑自行车、乘坐交通工具和亲自驾驶交通工具)不断地沿线形方向变换自己的视点,这决定了"真人视角漫游"的状况,从而决定了进一步确定园路的情况。

风景园林中的道路按活动主体分,主要有人车混杂型道路和步行道路两种类型。不同类型道路因使用方式与使用对象之间的差异,在景观设计上的侧重和手法的运用上各不相同。风景园林中,人车混杂型道路可分为交通性为主的道路与休闲性为主的道路。

（1）交通性为主的道路。这种道路一般担负着风景园林各个功能区之间的人流物流的运输，其交通流量大，通常路幅较宽。其景观特性要满足安全性、可识别性、可观赏性、适合性、可管理性等。

交通性为主的人车混杂型道路，首先要考虑其安全性，将机动车与自行车隔离，由于考虑通行速度，多采用直线，在道路线型上不宜产生特色。其景观设计主要是通过对道路空间、尺度的把握，推敲景物高度与道路宽度比例，提升其形象。

景观形式的设计需要考虑车、人的双重尺度。对于车来说，强调景观外轮阴影效果和色彩的可识别性；而对于自行车和步行来说，由于速度较慢，对景观的观察时间较长，人与景观的交流频繁发生，景观底层立面的质感、细部处理要精心设计。所以，在摄影机的模拟中要注意其高度和速度，按照"真人视角漫游"，合理推敲，辅助确定路径。

（2）休闲性为主的道路。这种道路车种复杂，车行速度慢，人流较多，景观设计强调多样性与复杂性。其景观特性还应增加可读性（美丽的景观环境令人产生联想和固定人群的认同）与公平性（为游人提供各式各样的使用功能，包括无障碍设施等）。

园林游憩性道路以休闲生活为主，场所感较强。园林道路空间形式的设计，首先要满足活动内容的需要，并根据道路功能特点，如考虑道路空间的变化，具体有沿路附属空间的导入、弯曲、转折，采用对景、借景等方式来丰富空间景观。

步行道路主要为休闲性道路，步行道路的出现给园林带来了很多生机，其景观特性为安全性、方便性、舒适性、可识别性、可适应性、可观赏性、公平性、可读性、可管理性等。其景观设计在考虑上述几种情况之外，还应强调个性化、人性化、趣味性、亲切性的特征，要充分注重自然环境、历史文化、人与环境各方面的要求。

3.虚拟真实漫游系统中最优路径漫游的实现

（1）视点动画交互技术。为了让访问者能在虚拟真实漫游系统中实现最优路径漫游，可采用视点动画交互技术，一般通过两种方法来实现。其一，线性插值法，即利用VRML的插值器创建一条有导游漫游的游览路线，通过单击路标或按钮，使用户在预定义好的路径上漫游世界；其二，视点实时跟踪法，即视点跟随用户的行为（如鼠标的位置）而产生动画效果。

（2）园林建筑动画生成。通过建筑设计图纸生成虚拟的三维建筑环境，在虚拟的数字化三维地形上放置建筑物将平面图立体化。系统可以动态地呈现建筑的外形和内部结构。建筑动画中利用不同角度的观察镜头创建漫游路径，观察建筑物实际的动态景观。创建的路径生成建筑动画后，可以任意角度观赏。建筑动画直观地给人以真实感的体验，人们从中可以了解到有关虚拟建筑的任何信息。虚拟建筑不光有建筑实体模型不能做到的仿真效果，还能直接漫游其中。虚拟建筑的各种模型单体位置的便于修改，减少了视频的重复修改和参与体验的麻烦，当然也可通过多媒体编辑工具对动画进行编辑调整，使参与者能够更好地使用。在制作动画的同时，还可以加入文字、解说，将复杂的动画简易化和细致化。戴上VR眼镜，可以在手机中实现打开实验馆、宿舍电脑的开关等动作，也能全视野观看。通过摄像机和灯光就可以逼真地渲染虚拟模型。渲染是动画制作中的关键步骤，可以增加场景的真实性，也决定了最后成品的效果。软件的延伸性可以为模型制作提供更多的可能性，为模型的真实感提供更多的灵感。

（3）最优路径漫游的实现。实现最优路径分析时一般要考虑以下两个因素：

①道路的实时状态。某条路因外界原因不能通行时，应不考虑此条道路。

②确定最优路径形式。"距离"最优路径，即地理距离最优；"时间"最优路径，即耗时最少；"时间距离"最优路径，即时间距离综合最优。

根据已经确立的风景园林路径，应用"真人视角漫游"模式虚拟，结合高校校园绿地规划与设计"宏观"理念辅助总体方案设计。

按照已经确定的风景园林路径，在现有景观的基础上，在"人眼视野"的范围内，创造出可以长时间被人观察到的景观，如建筑、水体等，对草案上的分区结果和景观位置，通过"实地漫游"进行论证和推敲。如果有必要，可以借助截图工具进行截图，以进一步进行讨论和分析。

二、VR 技术在园林局部详细设计阶段中的应用

道路结合绿地规划与设计理念辅助细部设计推敲，进行整个校园的主题漫游。高校校园绿地规划与设计理念中包含安全性原则、功能适宜性原则、美学原则和弹性原则四大原则。其中功能适宜性原则又包括交往便利性原则、易达性和舒适性原则、层次性原则和生态性原则。

三、VR 技术在风景园林规划与设计公众参与中的应用

（一）公众参与的应用范围

园林设计讲求"以人为本"的设计理念，所以设计一定要有公众的参与，设计才会更完善、合理、科学、客观。实践证明，再好的设计师，如果仅凭自己的力量，也很难设计出好的作品，推行"公众参与性设计"的主要目的就是赋予同建设项目相关人士以更多的参与权和决策权，即让这些人参与建设的全过程，并在其中起到一定作用。这样既能避免设计师陷入形式的自我陶醉之中，还能促进公众的参与意识和对城市景观的建设与维护，增加"公众"与"设计者"之间的沟通、合作，进而推动风景园林事业的蓬勃发展。

（二）公众意向的征求

在西方风景园林规划与设计工作程序中，有一个风景园林价值评估和风景园林发展目标确定的阶段。在这个阶段中，市民是最主要的参与者，市民的意向也是决策的主要依据。因此，风景园林规划与设计师们设计了多种公众参与的方法，来促进这一阶段市民的民主参与。目前，公众参与技术的应用研究也主要在这个

阶段开展。在我国，问卷调查、座谈会等参与形式大致属于这一阶段，但这些方法层次较低，效果也不明显。VR 技术的引入大大改善了这一状况。因为要让公众对风景园林的价值和发展目标提出有价值的意见，首先要让他们对风景园林的现状有足够的了解。而以 VRML 为核心的虚拟现实技术就是一种很好的工具，可以让公众感兴趣并有机会接触到复杂巨量的风景园林空间信息，并通过对信息的分析，深入地理解风景园林各个方面的状况。公众据此提出有价值的意见，这种意见对于民主决策是很具有意义的。

在这一阶段，该技术的应用可以借鉴技术支持模式，根据这一模式，第三方（在我国主要为各设计院所）所担当的角色很重要。他们需要设计建立适当的风景园林 VRML 场景和相关数据库系统，并通过这一系统与公众广泛交流，从而得到有价值的公众意见。委托方（政府或企业）的任务是协助设计方收集基础数据组织领导公众参与活动以及根据公众意向做出最后的决策。而公众一方则不必学习任何计算机专业知识，只需要在理解该系统所表达的涉及公众参与中的应用内容和与设计者充分交流的基础上，提出自己的意见和建议，参与最后的决策。

（三）公示制度的实施

设计公示是我国公众参与的一个重要组成部分，在某些城市（如深圳）已经被确立为一项制度。这一点可看作是风景园林规划与设计民主化进程的一大进展。向公众展示的主要是最终的设计成果，这种参与的层次是较低的。而在设计方案优选阶段应更多地采用设计公示制度，让公众辅助决策设计方案。选择更有效的交流方式与工具，将自己的设计方案展示给公众，成为风景园林规划与设计师努力的方向。传统的设计图纸和文字说明专业性仍然较强，而虚拟现实方法作为一种可视化方法能够促进设计的"非神秘化"。

（四）公众参与的方法实现

在国际互联网上实现风景园林规划与设计的公众参与，需进行以下步骤：

（1）虚拟现实场景的创建。

（2）建立意见输入 ASP 页面、显示结果 ASP 页面和过渡与管理 ASP 页面，并通过 script 脚本将页面控件和数据库连接。

（3）将虚拟现实场景整合输入 ASP 页面。

（4）在国际互联网上发布。

（五）公众参与网页发布

网页通过服务器主机提供浏览服务。目前，服务器主机有"主机"和"虚拟主机"两种方式，可通过 FTP 将"公众参与网页"上传到自己从虚拟主机服务商手中申请的"虚拟主机"上。

利用 VR 技术中的 VRML 语言将风景园林空间引入互联网，通过和谐的人机交互环境，使公众在开放环境中进行交互性和沉浸性体验并对方案进行评价，从而使风景园林作品最大限度地满足公众的要求。在虚拟现实世界，广泛征询公众的意见，就可以改进设计，使功能更加切合用户的需求。

第六章　园林工程招投标管理

目前，我国城市园林工程建设中存在的种种问题在不同程度上制约着工程效益，所以需要结合实际需要，不断健全和完善工程招投标制度，确保园林工程招投标工作更加公正、公平和公开，更加规范化，以推动城市园林事业的持续发展，为城市化进程做出更大贡献。

第一节　园林工程项目招标

一、园林工程的招标方式

园林工程招标方式同一般建设工程招标一样，其招标方式可分为公开招标和邀请招标两种方式。

1. 公开招标

公开招标又称无限竞争性招标，是园林工程招标的主要方式。它是指招标人以招标公告的方式邀请不特定的法人或者其他组织参加投标，然后以一定的形式公开竞争，达到招标目的的全过程。招标人应在招投标管理部门指定的公众媒介（报刊、广播、电视、场所等）发布招标公告，愿意参加投标的承包商都可参加资格审查，资格审查合格的承包商都可参加投标。

（1）公开招标方式的优点。公开招标方式为承包商提供了公平竞争的机会，同时使建设单位有较大的选择余地，有利于降低工程造价，缩短工期，保证工程质量。

（2）公开招标方式的缺点。采用公开招标方式时，投标人多且良莠不齐，不但招标工作量大，所需时间较长，而且容易被不负责的单位抢标。因此，采用公开招标方式时对投标人进行严格的资格预审特别重要。

（3）公开招标的适用范围。法定的公开招标方式的适用范围为：全部使用国有资金投资，或国有资金投资占控制地位或主导地位的项目，应当实行公开招标。一般情况下，投资额度大、工艺或结构复杂的较大型工程建设项目实行公开招标较为合适。

2. 邀请招标

邀请招标又称有限竞争性招标。邀请招标是指招标人以投标邀请书的方式，邀请特定的法人或者其他组织参加投标，即由招标人根据自己的经验和信息资料，选择并邀请有实力的承包商来投标的招标方式。一般邀请5~10家承包商参加投标，不得少于3家。全部使用国有资金投资或国有资金投资占控制或主导地位的项目，必须经国家计委或者省级人民政府批准方可实行邀请招标；国家发展计划部门确定的国家重点工程和省、自治区、直辖市人民政府确定的地方重点工程不公开招标，但经相应各级政府批准，可以进行邀请招标；其他工程由业主自行选用邀请招标方式或公开招标方式。

采用邀请招标的方式，由于被邀请参加竞争的投标者数量有限，不仅可以节省招标费用，而且能提高每个招标者的中标概率，所以对招投标双方都有利。不过，这种招标方式限制了竞争范围，把许多可能的竞争者排除在外，被认为不完全符合自由竞争、机会均等的原则。因此，只有在下述情况才可以考虑邀请招标：

（1）由于工程性质的特殊，要求有专门经验的技术人员和熟练技工以及专用技术设备，只有少数承包商能够胜任。

（2）公开招标使招标单位或投标单位支出的费用过多，与工程投资不成比例。

（3）公开招标的结果未能产生中标单位。

（4）由于工期紧迫或保密的要求等其他原因，而不宜公开招标。

二、园林工程招标程序

园林工程项目招标一般程序可分为三个阶段：招标准备阶段、招标阶段以及决标成交阶段。

每个阶段的具体工作有：

第一，向政府招标投标机构提出招标申请。申请的主要内容是：

（1）园林建设单位的资质。

（2）招标工程项目是否具备了条件。

（3）招标拟采用的方式。

（4）对招标企业的资质要求。

（5）初步拟订的招标工作日程等。

第二，建立招标班子，开展招标工作。

在招标申请被批准后，园林建设单位组织临时招标机构，统一安排招标工作。

（1）招标工作人员组成：一般由分管园林建设或基建的领导负责，由工程技术、预算、物资供应、财务、质量管理等部门作为成员。要求工作人员懂业务，懂管理，作风正派，必须保守机密，不得泄露标底。

（2）主要任务：

①根据招标项目的特点和需要，编制招标文件。

②负责向招标管理机构办理招标文件的审批手续。

③组织委托标底的编制、审查、审定。

④发布招标公告或邀请书，审查资质，发招标文件以及图纸技术资料，组织潜在投标人员勘察项目现场并答疑。

⑤提出评标委员会成员名单，向招标投标管理机构核准。

⑥发出中标通知。

⑦退还投标保证金。

⑧组织签订承包合同。

⑨其他该办理的事项。

第三，编制招标文件。招标文件是招标行动的指南，也是投标企业必须遵循的准则。招标文件应当包括招标项目的技术要求、对投标人资格审查的标准、投标及报价要求和评标标准等所有实质性要求以及拟签订合同的主要条款，如招标项目需要划分标段，则应在标书文件中载明。

第四，标底的编制和审定。

第五，发布招标公告或招标邀请书。

第六，投标申请。投标人应具备承担招标项目的能力，具有符合国家规定的投标人的资格条件。

第七，审查投标人的资格。在投标申请截止后对申请的投标人进行资质审查。审查的主要内容包括投标人的营业执照、企业资质等级证书、工程技术人员和管理人员资质、企业拥有的施工机械设备是否符合承包本工程的要求，同时还要考察其承担的同类工程质量、工期及合同履行的情况。审查合格后，通知其参加投标；不合格的通知其停止参加工程招标活动。

第八，分发招标文件。向资质审查合格的投标企业分发招标文件，包括设计图纸和技术资料。

第九，现场踏勘及答疑。招标文件发出之后，招标单位应按规定日程，按时组织投标人踏勘施工现场，介绍现场准备情况。还应召开专门会议对工程进行交底，解答投标人对招标文件、设计图纸等提出的疑点和有关问题。交底或答疑的问题应以纪要或补充文件形式书面通知所有投标企业，以便投标企业在编制标书时掌握同一标准纪要或补充文件应具有与招标文件同等效力。

第十，接收标书（投标）。投标人应按招标文件的要求认真组织编制标书，标书编好密封后，在招标文件规定的投标截止日期前送达招标单位。招标单位应逐一验收，出具收条，并妥善保存。开标前任何单位和个人不准启封标书。

三、标底和招标文件

1. 标底

（1）标底的概念和作用。标底是招标工程的预期价格。一是使业主预先明确自己在拟建工程上应承担的财务义务；二是给上级主管部门提供核实投资规模的依据；三是作为衡量投标报价的准绳，也是评标的主要尺度之一。一般工程施工招标必须编制标底，而不强求建设工程勘察设计招标、监理招标、材料设备招标等也要有标底。标底必须经招标办事机构审定。标底一经审定应密封保存至开标时，所有接触过标底的人员具有保密责任，不得泄露。

目前，在工程招标标底编制实践中，常用的主要是以工料单价计价的标底和以综合单价计价的标底。

（2）编制标底应遵循的原则。

①根据设计图纸及有关资料、招标文件，参照国家规定的技术、标准定额及规范，确定工程量和编制标底。

②标底价格应由成本、利润、税金组成，一般应控制在批准的总概算（或修正概算）及投资包干的限额内。

③标底价格作为业主的期望计划，应力求与市场的实际变化吻合，要有利于竞争和保证工程质量。

④标底价格应考虑人工、材料、机械台班等价格变动因素，还应包括施工不可预见费和措施费等。工程要求优良的，还应增加相关费用。

⑤一个工程只能编制一个标底。

（3）标底的编制方法。标底的编制方法与工程概、预算的编制方法基本相同，但应根据招标工程的具体情况，尽可能考虑各项因素，并确切反映在标底中。常用的编制标底的方法有以下几种。

①以施工图预算为基础。根据设计图纸的技术说明，按预算规定的分部划分

工程子目，逐项计算出工程量，再套用定额单价确定直接费，然后按规定的系数计算间接费、独立费、计划利润以及不可预见费等，从而计算出工程预期总造价，即标底。

②以概算为基础。根据扩大初步设计和概算定额计算工程造价。概算定额是在预算定额基础上将某些次要子目归并于主要子目之中，并综合计算其单价。用这种方法编制标底可以减少计算工作量，提高编制工作效率，且有助于避免重复和漏项。

③以最终成品单位造价包干为基础。这种方法主要适用于采用统一标准设计的大量兴建的工程，如通用住宅、市政管线等。一般住宅工程按每平方米建筑面积实行造价包干，园林工程中的植草工程喷灌工程也可按每平方米面积实行造价包干。具体工程的标底即以此为基础，并考虑现场条件、工期要求等因素来确定。

（4）标底文件的组成。建设工程招标标底文件是对一系列反映招标人对招标工程交易预期控制要求的文字说明、数据、指标、图标的统称，是有关标底的定性要求和定量要求的各种书面表达形式。其核心内容是一系列数据指标。由于工程交易最终主要是用价格或酬金来体现的，所以，在实践中，建设工程招标标底文件主要是指有关标底价格的文件。一般来说，建设工程招标标底文件主要由标底报审表和标底正文两部分组成。

①标底报审表。标底报审表是招标文件和标底正文内容的综合摘要，通常包括以下内容。

a.招标工程综合说明。包括招标工程的名称、报建建筑面积、结构类型、建筑物层数、设计概算或修正概算总金额、施工质量要求、定额工期、计划工期、计划开工竣工时间等。必要时要附上招标工程（单项、单位工程等）一览表。

b.标底价格。包括招标工程的总造价、单方造价、钢材、木材、水泥等主要材料的总用量及其单方用量。

c.招标工程总造价中各项费用的说明。包括对包干系数、不可预见费用、工程特殊技术措施费等的说明，以及对增加或减少的项目的审定意见和说明。

②标底正文。标底正文是详细反映招标人对工程价格、工期等的预期控制数据和具体要求的部分，一般包括以下内容。

a.总则。主要说明标底编制单位的名称、持有的标底编制资质等级证书、标底编制的人员及其执业资格证书、标底具备条件、编制标底的原则和方法、标底的审定机构，以及对标底的封存、保密要求等内容。

b.标底的要求及其编制说明。主要说明招标人在方案、质量、期限、价格、方法、措施等诸方面的综合性预期控制指标或要求，并要阐释其依据、包括和不包括的内容、各种有关费用的计算方式等。

在标底诸要求中，要注意明确各单项工程、单位工程、室外工程的名称，建筑面积、方案要点、质量、工期、单方造价（或技术经济指标）以及总造价，明确分部与分项直接费、其他直接费、工资及主材的调价、企业经营费、利税取费等。

c.标底价格计算用表。采用工料单价的标底价格计算用表和采用综合单价的标底价格计算用表有所不同。采用工料单价的标底价格计算用表主要有标底价格汇总表，工程量清单汇总及取费表，工程量清单表，材料清单及材料差价表，设备清单及价格表，现场因素、施工技术措施及赶工措施费用表等。采用综合单价的标底价格计算用表主要有标底价格汇总表，工程量清单表，设备清单及价格表，现场因素、施工技术措施及赶工措施费用表，材料清单及材料差价表，人工工日及人工费用表，机械台班及机械费用表等。

d.施工方案及现场条件。这部分主要说明施工方法给定条件、工程建设地点现场条件，以及列明临时设施布置及临时用地表等。

其一，关于施工方法给定条件。包括：第一，各分部分项工程的完整的施工方法、保证质量的措施；第二，各分部分项工程的施工进度计划；第三，施工机械的进场计划；第四，工程材料的进场计划；第五，施工现场平面布置图及施工道路平面图；第六，冬、雨季施工措施；第七，地下管线及其他地上地下设施的加固措施；第八，保证安全生产、文明施工、减少扰民、降低环境污染和噪声的措施。

其二，关于工程建设地点现场条件。现场自然条件包括现场环境、地形、地貌、地质、水文、地震烈度及气温、雨雪量、风向、风力等。现场施工条件包括建设用地面积、建筑物占用面积、场地拆迁及平整情况、施工用水电及有关勘探资料等。

其三，关于临时设施布置及临时用地表。对于临时设施布置，招标人应提交施工现场临时设施布置图表并附文字说明，说明临时设施、加工车间、现场办公、设备及仓储、供电、供水、卫生、生活等设施的情况和布置。对于临时用地，招标人要列表注明全部临时设施用地的面积、详细用途和需用时间。

2.招标文件

园林工程招标文件是作为园林工程需求者的业主向可能的承包商详细阐明工程建设意图的一系列文件，也是投标人编制投标书的主要客观依据，通常包括下列基本内容。

（1）工程综合说明。其主要内容包括工程名称、规模、地址、发包范围、设计单位、场地和地基土质条件（可附工程地质勘查报告和土壤检测报告）、给排水、供电、道路、通信情况以及工期要求等。

（2）设计图纸和技术说明书。

①设计图纸要求。

a.目的在于使投标人了解工程的具体内容和技术要求，能据此拟订施工方案和进度计划。

b.设计图纸的深度可随招标阶段相应的设计阶段而有所不同。

园林工程初步设计阶段招标应提供总平面图，园林用地竖向设计图，给排水管线图，供电设计图，种植设计总平面图，园林建筑物、构筑物和小品单体平面、立面、剖面图和主要结构图，以及装修、设备的做法说明等。

施工图阶段招标则应提供全部施工图纸（可不包括大样图）。

②技术说明书应满足下列要求。

a. 必须对工程的要求做出清楚而详尽的说明，使各投标单位能有共同的理解，能比较有把握地估算出造价。

b. 明确招标工程适用的施工验收技术规范、保修期及保修期内承包单位应负的责任。

c. 明确承包商应提供的其他服务，诸如监督分承包商的工作、防止自然灾害的特别保护措施、安全防护措施等。

d. 有关专门施工方法及制定材料产地或来源以及代用品的说明。

e. 有关施工机械设备、临时设施、现场清理及其他特殊要求的说明。

第二节　园林工程项目投标

一、园林工程投标工作机构和投标程序

1. 投标机构

为了在投标竞争中获胜，园林施工承包商应由施工企业决策人、总工程师或技术负责人、总经济师或合同预算部门、材料部门负责人、办事人员等组成投标决策委员会，以研究企业参加各项投标工程。

2. 投标程序

园林工程投标的一般程序如图 6-1 所示。

二、投标资格预审

根据招标方式的不同，招标人对投标人资格审查的方式也不同，对潜在投标人资格审查的时间和要求也不一样。如在国际工程无限竞争性招标中，通常在投标前进行资格审查，称为资格预审，只有资格预审合格的承包商才可以参加投标；

也有些国际工程无限竞争性招标在开标后进行资格审查，称为资格后审。在国际工程有限竞争招标中，通常是在开标后进行资格审查，并且这种资格审查往往作为评标的一项内容与评标结合起来进行。

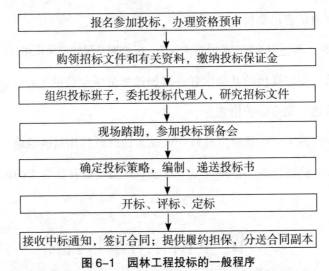

图 6-1　园林工程投标的一般程序

我国建设工程招标中，在允许投标人参加投标前一般都要进行资格审查，投标人应向招标单位提交下列有关资料：

（1）投标人营业执照和资质证书。

（2）企业简历。

（3）自有资金情况。

（4）全员职工人数，包括技术人员、技术工人数量及平均技术等级等。

（5）企业拥有主要施工机械设备一览表等情况。

（6）近三年来完成的主要工程及其质量情况。

（7）现有主要施工项目，包括在建和尚未开工工程。

如是联合体投标应填报联合体每一成员的以上资料。

在实践中，一般由申请资料预审的承包商填报"投标资格预审表"，交招标单位审查，或转报地方招标投标管理部门审批。

三、投标的准备工作

进入承包市场进行投标，必须做好一系列的准备工作，准备工作充分与否对中标和中标后的利润都有很大的影响。投标准备包括接受资格预审、投标经营准备、报价准备 3 个方面。

1. 接受资格预审

为了顺利通过资格预审，投标人应在平时就将一般资格预审内的有关资料准备齐全，到针对某个项目填写资格预审调查表时，将有关文件调出并加以补充完整即可。因为资格预审内容中，财务状况、施工经验、人员能力等是一些通用审查内容，在此基础上，附加一些具体项目的补充说明或填写一些表格，再补齐其他查询项目，即可成为资格预审书送出。

在填表时应突出重点，即要针对工程特点填好重要项目，特别是要反映公司施工经验、施工水平和施工组织能力，这往往是业主考察的重点。

2. 投标经营准备

（1）组成投标班子。在决定要参加某工程项目投标之后，最重要的工作即是组成一个干练的投标班子。对参加投标的人员要认真挑选，以满足下列条件：

①熟悉了解招标文件（包括合同条款），会拟定合同文稿，对投标、合同谈判和合同签约有丰富经验。

②对《中华人民共和国招标投标法》（以下简称《招标投标法》）、《中华人民共和国合同法》（以下简称《合同法》）等法律或法规有一定的了解。

③不仅需要有丰富的工程经验、熟悉施工和工程估价的工程师，还要有具有设计经验的设计工程师参加，以便从设计或施工角度，对招标项目的设计图纸提出改进方案，以节省投资和加快工程进度。

④最好有熟悉物资采购和园林植物的人员参加，因为工程的材料、设备占工程造价的一半以上。

⑤有精通工程报价的经济师参加。

总之，投标班子最好由多方面人才组成。一个公司应该有一个按专业和承包地区分组的、稳定的投标班子，但应避免把投标人员和工程实施人员完全分开，即部分投标人员必须参加所投标项目的实施，这样才能减少工程失误，不断总结经验，提高投标人员的水平和公司的总体投标水平。

（2）联合体。我国规定，两个以上法人或者其他组织可以组成一个联合体，以一个投标人的身份共同投标。联合体多指联合集团或者联营体。

①联合体各方应具备的条件。我国规定，联合体各方均应具备承担招标项目的能力。除对招标人的资格条件做出具体规定外，还专门对联合体提出要求，目的是明确不应因为是联合体就降低对投标人的要求，这一规定对投标人和招标人都具有约束力。

②联合体各方内部关系和其对外关系。内部关系以协议的形式确定。联合体在组建时，应依据《招标投标法》和有关合同法律的规定共同订立书面投标协议，在协议中约定各方应承担的具体工作和各方应承担的责任；如果各方是通过共同注册并长期经营的"合资公司"，则不属于联合体。

联合体对外关系。中标的联合体各方应当共同与招标人签订合同，并应在合同书上签字或盖章。在同一类型的债务债权关系中，联合体任何一方均有义务履行招标人提出的要求。招标人可以要求联合体的任何一方履行全部义务，被要求的一方不得以"内部订立的权利义务关系"为由而拒绝履行义务。

③联合体的优缺点。可增大融资能力。大型建设项目需要有巨额的履约保证金和周转资金，资金不足无法承担这类项目，即使资金雄厚，承担这一项目后往往也就无法再承担其他项目了。采用联合体可以增大融资能力，减轻每一家公司的资金负担，实现以较少的资金参加大型建设项目的目的，其余资金可以再承担其他项目。

分散风险。大型工程风险因素很多，由一家公司承担全部风险是很危险的，所以有必要依靠联合体来分散风险。

弥补技术力量的不足。大型项目需要使用很多专门的技术，而技术力量薄弱和经验少的企业是不能承担的，即使承担了也要冒很大的风险，与技术力量雄厚、经验丰富的企业成立联合体，使各个公司取长补短，就可以解决这类问题。

报价可互相检查。有的联合体报价是每个合伙人单独制定的，要想算出正确和适当的价格，必须互查报价，以免漏报和错报。有的联合体报价是合伙人之间互相交流和检查制定的，这样可以提高报价的可靠性，提高竞争力。

确保项目按期完工。通过对联合体合同的共同承担，提高项目完工的可靠性，同时对业主来说也提高了对项目合同各项保证融资贷款等的安全性和可靠性。

但也要看到，由于联合体是几个公司的临时合伙，所以有时在工作中难以迅速做出判断，如协作不好则会影响项目的实施，这就需要在制定联合体合同时明确权利和义务，组成一个强有力的领导班子。

联合体一般是在资格预审前即开始制定内部合同与规划，如果投标成功，则在项目实施全过程中予以执行；如果投标失败，则联合体立即解散。

3.报价准备

在园林工程投标过程中，投标报价是最关键的一步。报价过高，可能因为超出"最高限价"而失去中标机会；报价过低，则可能因为低于"合理低价"而废标，或者即使中标，也会给企业带来亏本的风险。因此投标单位应针对工程的实际情况，凭借自己的实力，正确运用投标策略和报价方法来达到中标的目的，从而给企业带来较好的经济效益。

（1）研究招标文件。承包商在决定投标并通过资格预审获得投标资格后，要购买招标文件并研究和熟悉招标文件的内容，充分了解其内容和要求，发现应提请招标单位予以澄清的要点。在此过程中应特别注意对标价计算可能产生重大影响的问题，包括：

①研究工程综合说明，以对工程做一整体性的了解。

②熟悉并详细研究设计图纸和技术说明书，使制定施工方案和报价有确切的依据。对整个建设工程的图纸要吃透，发现不清楚或互相矛盾之处，应提请招标单位解释或订正。

③研究合同主要条款，明确中标后应承担的义务和责任及应享有的权利，重点是承包方式，开竣工时间及工期奖罚，材料供应及价款结算办法，预付款的支付和工程款结算办法，工程变更及停工、窝工损失处理办法，争议、仲裁、诉讼法律等。对于国际招标的工程项目，还应研究支付工程款的货币种类、不同货币所占比例及汇率。

④熟悉投标单位须知，明确了解在投标过程中，投标单位应避免出现与招标要求不相符合的情况。只有在全面研究了解招标文件，对工程本身和招标单位的要求有基本的了解之后，投标单位才能正确地编制投标文件，以争取中标。

（2）招标前的调查与现场考察。这是投标前重要的一步，主要是对招标工程施工的自然、经济和社会条件进行调查。这些条件都是工程施工的制约因素，必然影响工程成本，投标报价时必须考虑，所以应在报价之前通过现场踏勘、查阅相关资料、市场调研等途径，尽可能地了解清楚。调查的主要内容有：

①工程的性质以及与其他工程之间的关系。

②投标者投标的那一部分与其他承包商之间的关系。

③工程地貌，地质、气象、交通、电力通信、水源以及地上地下障碍物等。

④施工场地附近有无住宿条件、料场开采条件、其他加工条件、设备维修条件以及材料堆放场地等。

⑤材料、苗木供应的品种及数量、途径以及劳动力来源和工资水平等。

（3）分析招标文件，校对工程量。

①分析招标文件。招标文件是招标的主要依据，应该仔细地分析研究招标文件，主要应放在招标者须知、专用条款、设计图纸、工程范围以及工程量表上，最好有专人或小组研究技术规范和设计图纸、明确特殊要求。

②校对工程量。对于招标文件中的工程量清单，投标者一定要进行校核，因为这直接影响中标的机会和投标报价。对于无工程量清单的招标工程，投标者应当认真计算工程量，在校核中如发现相差较大，投标者不能随便改变工程量，而应致函或直接找业主澄清。尤其对于总价合同要特别注意，如果业主投标前不给予更正，而且是对投标者不利的情况，投标者在投标时应附上说明。投标人在核算工程量时，应结合招标文件中的技术规范弄清工程量中每一细目的具体内容，才不至于在计算单位工程量价格时出错。如果招标的工程是一个大型项目，而且招标时间又比较短，则投标人至少要对工程量大而且造价高的项目进行核实；必要时，可以采取不平衡报价的方法来避免由于业主提供错误的工程量而带来损失。

（4）投标决策与投标策略。园林工程投标决策是园林工程承包经营决策的重要组成部分，它直接关系到能否中标和中标后的效益。因此，园林建设工程承包商必须高度重视投标决策。

①园林工程投标决策的内容和分类。园林工程投标决策是指园林工程承包商为实现其生产经营目标，针对园林工程招标项目，寻求并实现最优化的投标行动方案的活动。一般来说，园林工程投标决策的内容主要包括两个方面：一是关于是否参加投标的决策；二是关于如何进行投标的决策。在承包商决定参加投标的前提下，关键是要对投标的性质、投标的利益、投标的策略和技巧应用等进行分析、判断，做出正确决策。因此，园林工程投标决策实际上主要包括投标与否决策、投标性质决策、投标效益决策、投标策略和技巧决策四种。以下主要介绍前三种。

A.投标与否决策。园林工程投标决策的首要任务，是在获取招标信息后，对是否参加投标竞争进行分析、论证并做出决策。承包商关于是否参加投标的决策是其他投标决策产生的前提。承包商决定是否参加投标，通常要考虑各方面的情况，如承包商当前的经营状况和长远目标，参加投标的目的，影响中标机会的内、外因素等。一般来说，有下列情形之一的招标项目，承包商不宜参加投标：

（A）工程资质要求超过本企业资质等级的项目；

（B）本企业业务范围和经营能力之外的项目；

（C）本企业现有的承包项目较多，而招标工程的风险较大或盈利水平较低的项目；

（D）本企业投标资源投入量过大时面临的项目；

（E）在技术等级、信誉、水平和实力等方面具有明显优势的潜在竞争对手参加的项目。

B.投标性质决策。关于投标性质的决策主要考虑是投保险标还是风险标。所谓保险标，是指承包商对基本上不存在技术、设备、资金和其他方面问题的或对这些问题已有预见并已有解决办法的工程项目而投的标。如果企业经济实力不强，投保险标是比较恰当的选择。

风险标是指承包商对存在技术、设备、资金或其他方面未能解决的问题，承包难度比较大的招标工程而投的标。投风险标关键是要能想出办法解决好工程中存在的问题。如果问题解决好了，可获得丰厚的利润，开拓出新的技术领域，使企业素质和实力更上一层楼；如果问题解决得不好，企业的效益、声誉都会受损，严重的可能会使企业出现亏损甚至破产。因此，承包商对投标性质的决策，特别是对投风险标，应当慎重。

C.投标效益决策。关于投标效益的决策，一般主要考虑的是投盈利标、保本标，还是亏损标。

（A）盈利标是指承包商为能获得丰厚利润回报的招标工程而投的标。一般来说，有下列情形之一的，承包商可以考虑投盈利标：

a.业主对本承包商特别满意，希望发给本承包商的；

b.招标工程是竞争对手的弱项而是本承包商的强项的；

c.本承包商在手任务虽饱满，但招标利润丰厚诱人，值得且能实际承受超负荷运转的。

（B）保本标是指承包商对不能获得多少利润但一般也不会出现亏损的招标工程而投的标。一般来说，有下列情形之一的，承包商可以考虑投保本标：

a.招标工程竞争对手较多，而本承包商无明显优势的；

b.本承包商在手任务少，无后继工程，可能出现或已经出现部分窝工的。

（C）亏损标是指承包商对不能获利、自己赔本的招标工程而投的标。我国一般禁止投标人以低于成本的报价竞标，因此，投亏损标是一种非常手段，是承包商不得已而为之。一般来说，有下列情形之一的，承包商可以决定投亏损标：

a.招标项目的强劲竞争对手众多，但本承包商孤注一掷，志在必得的；

b.本承包商已出现大量窝工，严重亏损，急需寻求支撑的；

c.招标项目属于本承包商的新市场领域，本承包商渴望打入的；

d.招标工程属于承包商有绝对优势的市场领域，而其他竞争对手强烈希望插足分享的。

②投标策略。正确的策略来自实践经验的积累和对客观规律的认识，以及对具体情况的了解；同时，决策者的能力和魄力也是不可缺少的。常见的投标策略有以下几种：

A.做好施工组织设计，采取先进的工艺技术和机械设备；优选各种植物及其他造景材料；合理安排施工进度；选择可靠的分包单位。力求以最快的速度最大限度地降低工程成本，以技术与管理优势取胜。

B.尽量采用新工艺、新材料、新设备、新施工方案，以降低工程造价，提高施工方案的科学性。

C.在保证企业有相应利润的前提下，实事求是地以低价取胜。

D.为争取未来的优势，宁可目前少盈利或不盈利，为了占据某些具有发展前景的专业施工技术领域，则可适当降低标价，着眼于今后发展，为占领新的市场领域打下基础。

③园林工程投标技巧。园林工程投标技巧是指园林工程承包商在投标过程中所形成的各种操作技能和诀窍，园林工程投标活动的核心和关键是报价问题，因此，园林工程投标报价的技巧至关重要。常见的投标报价技巧主要有：

A.扩大标价法。这是指除按正常的已知条件编制标价外，对工程中变化较大或没有把握的工作项目采用增加不可预见费的方法，扩大标价，减少分项。这种做法的优点是中标价即为结算价，减少了价格调整等麻烦；缺点是总价过高。

B.不平衡报价法。不平衡报价法是指在总报价基本确定的前提下，调整内部各子项的报价，以期既不影响总报价，又在中标后满足资金周转的需要，获得较理想的经济效益。不平衡报价法的通常做法是：

（A）对能早日结账收回工程款的土方、基础等前期工程项目，单价可适当报高些；对水电设备安装、装饰等后期工程项目，单价可适当报低些。

（B）对预计今后工程量可能会增加的项目，单价可适当报高些；而对工程量可能减少的项目，单价可适当报低些。

（C）对设计图纸内容不明确或有错误，估计修改后工程量要增加的项目，单价可适当报高些；而对工程内容明确的项目，单价可适当报低些。

（D）对没有工程量只填单价的项目，或招标人要求采用包干报价的项目，单价宜报高些；对其余的项目，单价可适当报低些。

（E）对暂定项目（任意项目或选择项目）中实施可能性大的项目，单价可报高些；预计不一定实施的项目，单价可适当报低些。

（F）招标文件中明确投标人附"分部分项工程量清单综合单价分析表"的项目，应注意将单价分析表中的人工费和机械费报高，将材料费适当报低。通常情况下，材料往往采用业主认价，从而获得一定的利益。

（G）特种材料和设备安装工程编标时，由于目前参照的定额仍是主材、辅材、人工费用单价分开的，对特殊设备、材料，业主不一定熟悉，市场询价困难，则可将主材单价提高，而将常用器具、辅助材料报价降低。在实际施工中，为了保证质量，往往会产生对设备和材料指定品牌、承包商利用品牌的变更，向业主要求适当的单价就是提高效益的途径。

C.多方案报价法。多方案报价法是指对同一个招标项目除了按招标文件的要求编制一个投标报价方案以外，还编制一个或几个建议方案。多方案报价法有时是招标文件中规定采用的，有时是承包商根据需要决定采用的。承包商决定采用多方案报价法，通常主要有以下两种情况：

（A）如果发现招标文件中的工程范围不具体、不明确，或条款内容不很清楚，或对技术规范的要求过于苛刻，可先按招标文件中的要求报一个价，然后再说明假如招标人对合同要求做某些修改，报价可降低多少。

（B）如发现设计图纸中存在某些不合理并可以改进的地方或可以利用某项新技术、新工艺、新材料替代的地方，或者发现自己的技术和设备满足不了招标文件中设计图纸的要求，可以先按设计图纸的要求报一个价，然后再另附上一个修改设计的比较方案，或说明在修改设计的情况下，报价可降低多少。这种情况，通常也称作修改设计法。

D.突然降价法。突然降价法是指为迷惑竞争对手而采用的一种竞争方法。通常的做法是：在准备投标报价的过程中预先考虑好降价的幅度，然后有意散布一些假情报，如打算弃标，按一般情况报价或准备报高价等，在临近投标截止日期前，突然前往投标，并降低报价，以期战胜竞争对手。

（5）制定施工方案。施工方案应由投标单位的技术负责人主持制定，编制的主要依据是设计图纸，经复核的工程量，招标文件要求的开工、竣工日期以及对市场材料、机械设备、劳动力价格的调查。编制的原则是在保证工期和工程质量的前提下，尽量使成本最低，利润最大。施工方案主要包括下列基本内容：

①施工的总体部署和场地总平面布置；

②施工总进度和单项（单位）工程进度；

③主要施工方法；

④主要施工机械设备数量及其配置；

⑤劳动力数量、来源及其配置；

⑥主要材料品种、规格、需用量、来源及分批进场的时间安排；

⑦大宗材料和大型机械设备的运输方式；

⑧现场水、电用量、来源及供水、供电设施；

⑨临时设施数量和标准。

关于施工进度的表示方式，有的招标文件专门规定必须用网络图；如无此规定也可用传统的横道图（条形图）。

由于投标的时间要求往往相当紧迫，所以施工方案一般不可能也不必要编制得很详细，只需抓住重点，简明扼要地表述即可。

（6）报价。报价是投标全过程的核心工作，它不仅是能否中标的关键，而且对中标后能否盈利及盈利多少起着决定性的作用。

①报价的基础工作。首先，应详细研究招标文件中的工程综合说明，设计图纸和技术说明，了解工程内容、场地情况和技术要求。其次，应熟悉施工方案，核算工程量。可对招标文件中的工程量清单做重点抽查（若没有工程量清单，则须按图纸进行计算）。工程量清单核算无误之后，即可以造价管理部门统一制定的概（预）算定额为依据进行投标报价。目前投标也可自主报价，不一定受统一定额的制约，如有的大型园林施工企业有自己的企业定额，则可以此为依据。

此外，还应确定现场经费、间接费率和预期利润率。其中，现场经费、间接费率以直接费或人工费为基础；预期利润率则以工程直接费和间接费之和为基础，确定一个适当的百分数。根据企业的技术和经营管理水平，并考虑投标竞争的形式，可以有一定的伸缩余地。

②报价的内容。国内园林工程投标报价的内容就是园林工程费的全部内容，见表6-1。

表 6-1 我国现行园林建设工程费构成

	费用项目		参考计算方式
直接工程费	直接费	人工费	∑ 人工工日概算定额 × 工资单价 × 实物工程量
		材料费	∑ 材料概预算定额 × 材料预算价格 × 实物工程量
		施工机械使用费	∑ 机械概预算定额 × 机械台班预算单价 × 实物工程量
	其他直接费		按定额
	现场经费	临时设施费 现场管理费	土建工程：（人工费＋材料费＋机械使用费）× 取费率 绿化工程：（人工费＋材料费＋机械使用费）× 取费率 安装工程：人工费 × 取费率
间接费	企业管理费 财务费用 其他费用		土建工程：直接工程费 × 取费率 绿化工程：直接工程费 × 取费率 安装工程：人工费 × 取费率
盈利	计划利润		（直接工程费＋间接费）× 计划利润率
税金	含企业税、城乡维护建设税、教育费附加税		（直接工程费＋间接费＋计划利润）× 税率

③报价决策。报价决策就是确定投标报价的总水平。这是投标胜负的关键环节，通常由投标工作班子的决策人在主要参谋人员的协助下完成。

A.报价决策的工作内容，首先是计算基础标价，即根据工程量清单和报价项目单价表进行初步测算，其间可能对某些项目的单价做必要的调整，形成基础标价。

B.做风险预测和盈亏分析，即充分估计施工过程中的各种有关因素和可能出现的风险，预测对工程造价的影响程度。

C.测算可能的最高标价和最低标价，也就是测定基础标价可以上下浮动的界限。

D.完成上述工作以后，决策人就可根据投标竞争的实际，并靠自己的经验和智慧，做出报价决策，然后编制正式标书。

四、标书的编制和投送

投标人对招标工程做出报价决策之后，即应编制标书。投标人应当根据招标文件的要求编制投标文件，所编制的投标文件应当对招标文件提出的实质性要求和条件做出响应。招标项目属于建设施工的，投标文件的内容应当包括拟派出的项目负责人与主要技术人员的简历、业绩和拟用于完成招标项目的机械设备等。

投标文件的组成应根据工程所在地建设市场的常用文本内容确定，招标人应在招标文件中做出明确的规定。

1. 商务标编制内容

商务标的文本格式较多，各地都有自己的文本格式，我国《建设工程工程量清单计价规范》规定商务标应包括：

（1）投标总价及工程项目总价表；

（2）单项工程费汇总表；

（3）单位工程费汇总表；

（4）分部分项工程量清单计价表；

（5）措施项目清单计价表；

（6）其他项目清单计价表；

（7）零星工程项目计价表；

（8）分部分项工程量清单综合单价分析表；

（9）项目措施费分析表和主要材料价格表。

2. 技术标编制内容

技术标通常由施工组织设计、项目管理班子配备情况、项目拟分包情况、替代方案及其报价四部分组成。具体内容如下：

（1）施工组织设计。投标前施工组织设计的内容有主要施工方法、拟在该工程投入的施工机械设备情况、主要施工机械配备计划、劳动力安排计划、确保工程质量的技术组织措施、确保安全生产的技术组织措施、确保工期的技术组织措施、确保文明施工的技术组织措施等，并应包括以下附表：

①拟投入的主要施工机械设备表；

②劳动力计划表；

③计划开、竣工日期和施工进度网络图；

④施工总平面布置图及临时用地表。

（2）项目管理班子配备情况。项目管理班子配备情况主要包括项目管理班子配备情况表、项目经理简历表、项目技术负责人简历表和项目管理班子配备情况辅助说明等资料。

（3）项目拟分包情况。技术标投标文件中必须包括项目拟分包情况。

（4）替代方案及其报价。投标文件中还应列明替代方案及其报价。

3.标书包装与投送

（1）标书的包装。投标方应准备1份正本和3~5份副本，用信封分别把正本和副本密封，封口处加贴封条，封条处加盖法定代表人或其授权代理人的印章和单位公章，并在封面上注明"正本和副本"字样，然后一起放入招标文件袋中，再密封招标文件袋。文件袋外应注明工程项目名称、投标人名称及详细地址，并注明何时之前不准启封。一旦正本和副本有差异，以正本为准。

（2）标书的投送。投标人应在招标文件前附表规定的日期内将投标文件递交给招标人。招标人可以按招标文件中投标须知规定的方式酌情延长递交投标文件的截止日期。在上述情况下，招标人与投标人以前在投标截止期的全部权利、责任和义务，将使用延长后新的投标截止期。在投标截止期以后送达的投标文件，招标人应当拒收，已经收下的也必须原封退给投标人。

投标人可以在递交投标文件以后，在规定的投标截止时间之前，采用书面形式向招标人递交补充、修改或撤回其投标文件的通知。在投标截止日期以后，不能修改投标文件。投标人递交的补充、修改或撤回通知，应按招标文件中投标须知的规定编制、密封加写标志和递交，并在内层包封标明"补充""修改"或"撤回"字样。补充、修改的内容为投标文件的组成部分。根据投标须知的规定，在投标截止时间与招标文件中规定的投标有效期终止日之间的这段时间内，投标人不能撤回投标文件，否则其投标保证金将不予退还。

投送标书时一般须将招标文件包括图纸、技术规范、合同条件等全部交还招标单位，因此这些文件必须保持完整无缺，切勿丢失。编完标书并投送出去之后，还应将有关报价的全部计算分析资料加以整理汇编，归档备查。

投标人递交投标文件不宜太早，一般在招标文件规定的截止日期前几天密封送到指定地点比较好。

第三节　工程施工的开标、评标和定标

一、园林工程招标的开标

1. 开标的要求

开标应按招标文件确定的招标时间同时公开进行。开标地点应当为招标文件中预先确定的地点，开标由招标单位的法定代表人或其指定的委托代理人主持邀请所有的投标人参加，也可邀请上级主管部门及银行等有关单位参加，有的还请公证机关派出公证员到场。

2. 开标的一般程序

（1）由开标单位工作人员介绍参加开标的各方到场人员和开标主持人，公布招标单位法定代表人证件或代理人委托书及证件。

（2）开标主持人检验各投标单位法定代表人或其指定代理人的证件、委托书，并确认无误。

（3）宣读评标方式和评标委员会成员名单。

（4）开标时，由投标人或其推选的代表检验投标文件的密封情况，也可由招标人委托的公正机构检查并公证。经确认无误后，由工作人员当众拆封，宣读投标人名称、投标价格和投标文件的其他主要内容。开封过程应当记录，并存档备查。

（5）启封标箱，开标主持人当众检验启封标书，如发现无效标书，须经评标委员会半数以上成员确认，并当场宣布。

（6）按标书送达时间或以抽签方式排列投标单位唱标顺序，各投标人依次当众予以拆封，宣读各自投标书的要点。

（7）当众公布标底。如全部有效标书的报价都超过标底规定的上下限幅度时，招标单位可宣布报价为无效报价，招标失败，另行组织招标或邀请协商，此时则暂不公布标底。

3.无效标书的认定

（1）投标文件未按照招标文件的要求予以密封或逾期送达的。

（2）投标函未加盖投标人的公章及法定代表人印章或委托代理人印章的，或者法定代表人的委托代理人没有合法有效委托书（原件）的。

（3）投标人未按规定的格式填写标书，内容不全或字迹模糊，辨认不清的。

（4）投标人未按照招标文件的要求提供投标担保或没有参加开标会议的。

（5）组成联合体投标，但投标文件未附联合体各方共同投标协议的。

二、园林工程招标的评标

1.评标的原则

（1）评标活动应当遵循公平、公正原则。

①评标委员会应当根据招标文件规定的评标标准和办法进行评标，对投标文件进行系统的评审和比较。没有在招标文件中列示的评标标准和办法，不得作为评标的依据。招标文件规定的评标标准和办法应当合理，不得含有倾向或者排斥潜在投标人的内容，不得妨碍或者限制投标人之间的竞争。

②评标过程应当保密。有关标书的审查、澄清、评比和比较的有关资料，授予合同的信息等均不得向无关人员泄露。对于施加投标人任何影响的行为，都应给予取消其投标资格的处罚。

（2）评标活动应当遵循科学合理的原则。

①询标，即投标文件的澄清。评标委员会可以以书面形式，要求投标人对投标文件中含义不明确，对同类问题表述不一致，或者有明显文字和计算错误的内容，做必要的澄清、说明或补正，但是不得改变投标文件的实质性内容。

②响应性投标文件中存在错误的修正。响应性投标中存在的计算或累加错误，由评标委员会按规定予以修正；用数字表示的数额与用文字表示的数额不一致时，以文字数额为准；单价和合价不一致时以单价为准，但评标委员会认为单价有明显的小数点错位的，则以合价为准。经修正的投标书必须经投标人同意才具有约束力。如果投标人对评标委员会按规定进行的修正不同意时，应当视为拒绝投标，投标保证金不予退还。

（3）评标活动应当遵循竞争和择优的原则。

①评标委员会可以否决全部投标。评标委员会对各投标文件评审后认为所有投标文件都不符合招标文件要求的，可以否决所有投标。

②有效的投标书不足三份时不予评标。有效投标不足三个，使得投标明显缺乏竞争性，失去了招标的意义，达不到招标的目的，应确定为招标无效，不予评标。

③重新招标。有效投标人少于三个或者所有投标被评标委员会否决的，招标人应当依法重新招标。

2.评标机构

（1）评标委员会的组成。评标工作由招标人依法组建的评标委员会负责，评标委员会由招标人的代表和有关技术、经济方面的专家组成，成员人数为5人以上单数，其中技术、经济等方面的专家不得少于成员总数的2/3。

（2）专家应当从事相关领域工作满8年，并且有高级职称或者具有同等专业水平，具体人员由招标人从国家有关部门或者省、自治区、直辖市人民政府提供的专家名册或者招标代理机构的专家库内的相关专业的专家名单中确定。召集人一般由招标单位法定代表人或其指定代理人担任。

（3）与投标人有利害关系的专家不得进入相关工程的评标委员会。

（4）评标委员会的名单一般在开标前确定，定标前应当保密。

3.评标时间与评标内容

评标时间视评标内容的繁简，可在开标后立即进行，也可随后进行。

一般应对各投标单位的报价、工期、主要材料用量、施工方案、工程质量标准和保证措施以及企业信贷等进行综合评价，为择优确定中标单位提供依据。

4.评标的方法

（1）加权综合评分法。先确定各项评标指标的权数，如报价40%，工期15%，质量标准15%，施工方案、主要材料用量、企业实力及社会信誉各10%，合计100%；再根据每一投标单位标书中的主要数据评定各项指标的评分系数；以各项指标的权数和评分系数相乘，然后汇总，即得加权综合评分，得分最高者为中标单位。

（2）接近标底法。以报价为主要尺度，选报价最接近标底者为中标单位。这种方法比较简单，但要以标底详尽、正确为前提。

（3）加减综合评分法。以标价为主要指标，以标底为评分基数，如定位50分，合理标价范围为标底的±5%，报价比标底每增减1%扣2分或加2分，超过合理标价范围的，不论上下浮动，每增加或减少1%都扣3分；以工期、质量标准、施工方案、投标单位实力与社会信誉为辅助指标，如满分分别为15分、15分、10分、10分。每一投标单位的各项指标分值相加，总计得综合评分，得分最高者为中标单位。

（4）定性评议法。以报价为主要尺度，综合考虑其他因素，由评标委员会做出定性评价，选出中标单位。这种方法除报价是定量指标外，其他因素没有定量分析，标准难以确切掌握，往往需要评标委员会协商，主观性、随意性较大，现已少有运用。

三、园林工程招标的定标

定标又称决标，即在评标完成后确定中标人，是业主对满意的合同要约人做出承诺的法律行为。

1. 决标的时限

从开标至决标的期限，小型园林建设工程一般不超过 10 天，大、中型工程不超过 30 天，特殊情况可适当延长。

2. 决标方式

决标时，应当由业主行使决策权。决标的方式有：

（1）业主自己确定中标人。招标人根据评标委员会提出的书面评标报告，在中标候选的推荐名单中确定中标人。

（2）业主委托评标委员会确定中标人。招标人也可通过授权评标委员会直接确定中标人。

3. 决标的原则

中标人的投标应当符合下列两原则之一：

（1）中标人的投标能够最大限度地满足招标文件规定的各项综合评价标准。

（2）中标人的投标能够满足招标文件的实质性要求，并且经评审的投标价格最低，但是低于成本的投标价格除外。

4. 确定中标人

使用国有资金投资或者国家融资的项目，招标人应当确定排名第一的中标候选人为中标人。排名第一的中标候选人放弃中标，或者因不可抗力提出不能履行合同，或者招标文件规定应当提交履约保证金而规定期限内未能提交的，招标人可以确定排名第二的中标候选人为中标人。排名第二的中标候选人因同类原因不能签订合同的，招标人可以确定排名第三的中标候选人为中标人。

5. 提交招标投标情况的书面报告

招标人确定中标人后 15 天内，应向有关行政监督部门提交招标投标情况的书面报告。

经确认招标人在招标活动中无违法行为的，招标人向中标人发出中标通知书，并将中标结果通知所有未中标的人。中标通知书对招标人和中标人具有法律效力，招标人改变中标结果或中标人拒绝签订合同均要承担相应的法律责任。中标通知书发出 30 天内，中标人应与招标单位签订工程承包合同。

6. 退回投标保证金

公布中标结果后，未中标的投标人应当在公布中标通知书后 7 天内退回招标文件和相关的图纸资料，同时招标人应当退回未中标人的投标文件和发放招标文件时收取的投标保证金。

第七章 园林工程施工合同管理

合同管理是施工管理的重要组成部分，涉及施工的各个领域，直接关系到企业的生存与发展。从某种意义上说，合同管理是能否顺利施工的关键。

第一节 园林工程施工合同管理概述

一、园林工程施工合同的概念、作用

园林工程施工合同是指发包人与承包人之间为完成商定的园林工程施工项目，确定双方权利和义务的协定。依据工程施工合同，承包方完成一定的种植、建筑和安装工程任务，发包人应提供必要的施工条件并支付工程价款。

园林工程施工合同是园林工程的主要合同，是园林工程建设质量控制、进度控制、投资控制的主要依据。市场经济条件下，建设市场主体之间的相互权利、义务关系主要是通过市场确定的。因此，在建设领域加强对园林工程施工合同的管理具有十分重要的意义。

园林工程施工合同的当事人中，发包人和承包人双方应该是平等的民事主体。承包、发包双方签订施工合同，必须具备相应的经济技术资质和履行园林工程施工合同的能力。在对合同范围内的工程实施建设时，发包人必须具备组织能力；承包人必须具备有关部门核定经济技术资质等级证书和营业执照等证明文件。

二、园林工程施工合同的特点

1. 合同目标的特殊性

园林工程施工合同中的各类建筑物、植物产品，其基础部分与大地相连，不能移动。这决定了每个施工合同中的项目都是特殊的，相互间具有不可替代性；也决定了施工生产的流动性。植物、建筑所在地就是施工生产场地，施工队伍、施工机械必须围绕园林产品不断移动。

2. 园林工程合同履行期限的长期性

在园林工程建设中植物、建筑物的施工，由于材料类型多，工作量大，施工工期都较长。这决定了工程合同履行期限的长期性。

3. 园林工程施工合同内容的多样性

园林工程施工合同除了应具有合同的一般内容外，还应对安全施工、专利技术使用、发现地下障碍物和文物、工程分包、不可抗力、工程设计变更、材料设备的供应、运输、验收等内容做出规定。同时，还涉及与劳务人员的劳动关系、与保险公司的保险关系、与材料设备供应商的买卖关系与运输企业的运输关系等。所有这些，都决定了施工合同的内容具有多样性和复杂性的特点。

4. 园林工程合同监督的严格性

严格性是指对合同主体监督的严格性、对合同订立监督的严格性和对合同履行监督的严格性。

三、园林工程施工合同管理的规定

园林工程施工合同的主体是发包方和承包方，由其法定代表人实施法律行为。项目经理受承包方委托，按承包方订立的合同条款执行，依照合同约定行使权力，履行义务。园林工程施工合同管理必须遵守《合同法》《中华人民共和国建筑法》（以下简称《建筑法》）以及有关法律法规。

园林工程施工合同有施工总承包合同和施工分包合同之分。施工总承包合同的发包人是园林工程的建设单位或取得园林工程项目总承包资格的项目总承包单位，在合同中一般称为业主或发包人。施工总承包合同的承包人是承包单位，在合同中一般称为承包人。

施工分包合同又有专业工程分包合同和劳务作业分包合同之分。分包合同的发包人一般是取得施工总承包合同的承包单位，在分包合同中一般仍沿用施工总承包合同中的名称，即仍称为承包人。而分包合同的承包人一般是专业化的专业工程施工单位或劳务作业单位，在分包合同中一般称为分包人或劳务分包人。

第二节　园林工程施工合同谈判与签订

一、签订园林工程施工合同应具备的条件

（1）初步设计已经批准。

（2）工程项目列入年度投资计划。

（3）有满足施工需要的设计文件和相关技术资料。

（4）建设资金已经落实。

（5）中标通知书已经下达。

（6）合同签字人必须具有法人资格，必须是经国家批准的社会组织，必须具有依法归自己所有或者经授权属于由自己经营管理的财产；能够以自己的名义进行民事活动，参加民事诉讼。

二、园林工程施工合同订立的程序

园林工程施工合同受《合同法》调整，其订立与受《合同法》调整的其他合同的订立基本相同。但是，由于园林工程施工合同本身的特殊性，其订立也存在

自身的特殊性。

1. 园林工程施工项目的招标投标

要约与承诺是订立合同的两个基本程序，园林工程施工合同的订立也要经过这两个程序。它是通过招标与投标履行这两个程序的。

（1）招标公告（或投标邀请书）是要约邀请。招标人通过发布招标公告或者发出投标邀请书吸引潜在投标人投标，潜在投标人向自己发出"内容明确的订立合同的意思表示"，所以，招标公告（或投标邀请书）是要约邀请。

（2）投标文件是要约。投标文件中含有投标人期望订立的施工合同的具体内容，表达了投标人期望订立合同的意思，因此，投标文件是要约。

（3）中标通知书是承诺。中标通知书是招标人对投标文件（即要约）的肯定答复，因而是承诺。

2. 必须采用书面形式订立合同

园林工程施工承包合同、分包合同、洽商变更关系必须以书面的形式建立和记录，并应签字确认。

因此根据《招标投标法》对招标、投标的规定，招标、投标、中标的过程实质就是要约、承诺的一种具体方式。招标人通过媒体发布招标公告，或向符合条件的投标人发出招标文件，为要约邀请；投标人根据招标文件内容在约定的期限内向招标人提交投标文件，为要约；招标人通过评标确定中标人，发出中标通知书，为承诺；招标人和中标人按照中标通知书、招标文件和中标人的投标文件等订立书面合同时，合同成立并生效。在明确中标人并发出中标通知书后，双方即可就园林工程施工合同的具体内容和有关条款展开谈判，直到最终签订合同。

3. 签订合同的两种方式

园林工程施工合同签订的方式有两种，即直接发包和招标发包。依据《招标投标法》的规定，中标通知书发出后30天内签订合同工作必须完成。签订合同人必须是中标施工企业的法人代表或委托代理人。投标书中已确定的合同条款在签订时一般不得更改，施工合同价应与中标价相一致。如果中标施工企业在规定的有效期内拒绝与建设单位签订合同，则建设单位可不再返还其投标时在投资银行交汇的投标保证金。建设行政主管部门或其授权机构还可视情况给予一定的行政处罚。

三、园林工程施工合同谈判的主要内容

1. 关于工程内容和范围的确认

招标人和中标人可就招标文件中的某些具体工作内容进行讨论、修改、明确或细化，从而确定工程承包的具体内容和范围。在谈判中双方达成一致的内容，包括在谈判讨论中经双方确认的工程内容和范围方面的修改或调整，应以文字方式确定下来，并以"合同补遗"或"会议纪要"方式作为合同附件，并明确它是构成合同的一部分。

2. 关于技术要求、技术规范和施工技术方案

双方可对技术要求、技术规范和施工技术方案等进行进一步讨论和确认，必要的情况下甚至可以变更技术要求和施工方案。

3. 关于合同价格条款

招标文件中通常会明确规定合同将采用什么计价方式，在合同谈判阶段往往没有讨论的余地。但在可能的情况下，中标人在谈判过程中仍然可以提出降低风险的改进方案。

4. 关于价格调整条款

工期较长的园林工程，容易遭受货币贬值或通货膨胀等因素的影响，可能给承包人造成较大损失。价格调整条款可以比较公正地解决这一承包人无法控制的风险损失。无论是单价合同还是总价合同，都可以确定价格调整条款，即是否调整以及如何调整等。可以说，合同计价方式以及价格调整方式共同确定了园林工

程承包合同的实际价格，直接影响着承包人的经济利益。在园林工程实践中，由于各种原因导致费用增加的概率远远大于费用减少的概率，有时最终的合同价格调整金额会很大，远远超过原定的合同总价，因此承包人在投标过程中，尤其是在合同谈判阶段务必对合同的价格调整条款予以充分的重视。

5. 关于合同款支付方式的条款

园林工程施工合同的付款分四个阶段进行，即预付款、工程进度款、最终付款和退还保留金。关于支付时间、支付方式、支付条件和支付审批程序等有很多种可能的选择，并且可能对承包人的成本、进度等产生比较大的影响，因此，合同支付方式的有关条款是谈判的重要方面。

6. 关于工期和保修期

中标人与招标人可根据招标文件中要求的工期，或者根据投标人在投标文件中承诺的工期，并考虑工程范围和工程量的变动而产生的影响来商定一个确定的工期。同时，还要明确开工日期、竣工日期等。双方可根据各自的项目准备情况、季节和施工环境因素等条件洽商适当的开工时间。

双方应通过谈判明确由于工程变更（业主在工程实施中增减工程或改变设计等）、恶劣的气候影响，以及种种"作为一个有经验的承包人无法预料的工程施工条件的变化"等原因对工期产生不利影响时的解决办法，通常在上述情况下应该给予承包人要求合理延长工期的权利。

合同文本中应当对保修工程的范围、保修责任及保修期的开始和结束时间有明确的规定，承包人应该只承担由于材料和施工方法及操作工艺等不符合合同规定而产生缺陷的责任。承包人应力争以保修保函来代替业主扣留的保留金。与保留金相比，保修保函对承包人有利，主要是因为可提前取回被扣留的现金，而且保函是有时效的，期满将自动作废。同时，它对业主并无风险，真正发生保修费用，业主可凭保函向银行索回款项。因此，这一做法是比较公平的。保修期满后，承包人应及时从业主处撤回保函。

7. 合同条件中其他特殊条款的完善

这一条主要包括关于合同图纸、违约罚金和工期提前奖金、工程量验收以及衔接工序和隐蔽工程施工的验收程序、施工占地、向承包人移交施工现场和基础资料、工程交付、预付款保函的自动减额条款等。

四、园林工程施工合同最后文本的确定和合同签订

1. 园林工程施工合同文件内容

园林工程施工合同文件构成：合同协议书；工程量及价格；合同条件，包括合同一般条件和合同特殊条件；投标文件；合同技术条件（含图纸）；中标通知书；双方代表共同签署的合同补遗（有时也以合同谈判会议纪要形式呈现）；招标文件；其他双方认为应该作为合同组成部分的文件。

对所有在招标投标及谈判前后各方发出的文件、文字说明、解释性资料进行清理。对凡是与上述合同构成内容有矛盾的文件，应宣布作废。可以在双方签署的"合同补遗"中对此做出排除性质的声明。

2. 关于合同协议的补遗

在合同谈判阶段双方谈判的结果一般以"合同补遗"的形式，有时也以"合同谈判纪要"的形式形成书面文件。

同时应该注意的是，园林工程施工合同必须遵守法律。对于违反法律的条款，即使由合同双方达成协议并签了字，也不受法律保护。

3. 签订合同

在合同谈判结束后，应按上述内容和形式形成一个完整的合同文本草案，经双方代表认可后形成正式文件。双方核对无误后，由双方代表签署。至此合同谈判阶段即告结束。此时，承包人应及时准备和递交履约保函，准备正式签署园林施工合同。

4. 园林工程施工合同备案

依法必须进行招标的项目，招标人应当自确定中标人之日起 15 日内，向有关行政监督部门提交招标投标情况的书面报告。

依法必须进行施工招标的项目，招标人应当自发出中标通知书之日起 15 日内，向有关行政监督部门提交招标投标情况的书面报告。

书面报告至少应包括下列内容：

（1）招标范围；

（2）招标方式和发布招标公告的媒介；

（3）招标文件中投标人须知、技术条款、评标标准和方法、合同主要条款等；

（4）评标委员会的组成和评标报告；

（5）中标结果。

第三节　园林工程施工合同的编写

一、园林工程施工承包合同示范文本的说明

各种园林工程施工合同示范文本一般由三部分组成：协议书、通用条款、专用条款。园林工程施工合同文件的组成部分，除了协议书、通用条款和专用条款以外，一般还应该包括中标通知书、投标书及其附件，有关的标准、规范及技术文件、图纸、工程量清单、工程报价单或预算书等。园林工程施工合同现已形成规范的示范文本，内容由协议书、通用条款、专用条款三部分组成，并附有三个附件。

1. 协议书

协议书是《施工合同文本》中总纲性的文件，是发包人与承包人依照《合同法》《建筑法》及其他有关法律、行政法规，遵循平等、自愿、公平和诚实信用

的原则，就园林工程施工中的主要事项协商一致而订立的协议。虽然其文字量并不大，但它规定了合同当事人双方最主要的权利、义务，规定了组成合同的文件及合同当事人对履行合同义务的承诺，并且合同当事人在这份文件上签字盖章，因此具有很高的法律效力。

（1）制定协议书并单独作为文本的一个部分，主要有以下几个方面的目的。

①确认双方达成一致意见的合同主要内容，使合同主要内容清楚明了；

②确认合同文件的组成部分，有利于合同双方正确理解并全面履行合同；

③确认合同主体双方并签字盖章，约定合同生效；

④合同双方郑重承诺履行自己的义务，有助于增强履约意识。

（2）协议书主要包括以下十个方面的内容。

①工程概况。它主要包括工程名称、工程地点、工程内容，群体工程应附承包人承揽工程，项目一览表、工程立项批准文号、资金来源等。

②工程承包范围。

③合同工期。它包括开工日期、竣工日期、合同工期总日历天数。

④质量标准。

⑤价款（分别用大、小写表示）。

⑥组成合同的文件。组成本合同的文件包括本合同协议书、中标通知书、投标书及其附件、本合同专用条款、本合同通用条款、标准、规范及有关技术文件，图纸、工程量清单、工程报价单或预算书。双方有关工程的洽商、变更等书面协议书或文件视为本合同的组成部分。

⑦本协议书中有关词语含义与合同示范文本"通用条款"中赋予它们的定义相同。

⑧承包人向发包人承诺按照合同约定进行施工、竣工并在质量养护期内承担工程质量养护责任。

⑨发包人向承包人承诺按照合同约定的期限和方式支付合同价款及其他应当

支付的款项。

⑩合同生效。它包括合同订立时间（年、月、日），合同订立地点，本合同双方约定生效的时间。

2.通用条款

（1）通用条款的组成。通用条款是根据《合同法》《建筑工程施工合同管理办法》等法律法规对承发包双方的权利、义务做出的规定，除双方协商一致对其中的某些条款做了修改、补充或取消外，双方都必须履行。它是将建设工程施工合同中共性的一些内容抽象出来编写的一份完整的合同文件。通用条款具有很强的通用性，基本适用于各类建设工程。通用条款共由10部分47条组成。

①词语定义及合同文件；

②双方一般权利和义务；

③施工组织设计和工期；

④质量与检验；

⑤安全施工；

⑥合同价款与支付；

⑦材料设备供应；

⑧工程变更、竣工验收与结算；

⑨违约、索赔和争议；

⑩其他。

（2）通用条款的分类

通用条款依据其不同内容，可以分为依据性条款、责任性条款、程序性条款和约定性条款。

①依据性条款。这类条款是依据有关建设工程施工的法律法规制定的。如"示范文本"的主要内容结算是依据《合同法》《建筑法》《中华人民共和国担保法》《中华人民共和国保险法》等有关法律制定的，再如有关施工中使用专利技术的条款

是依据《中华人民共和国专利法》制定的。

②责任性条款。这类条款主要是为了明确建设工程施工中发包人和承包人各自应负的责任，如"发包人工作""承包人工作""发包人供应材料设备""承包人供应材料设备"等条款。

③程序性条款。这类条款主要是规定施工中发包人或承包人的一些工作程序，而通过这些程序性规定制约双方的行为，也起到一定的分清责任的作用，如"工程师""项目经理""延期开工""暂停施工"以及"中间验收和试车"等条款。

④约定性条款。这类条款是指通过发包人和承包人在谈判合同时，结合通用条款和具体工程情况，经双方协商一致的条款。这类条款分别反映在协议书和专用条款内，如工程开竣工日期、合同价款、施工图纸提供套数及提供日期、合同价款调整方式、工程款支付方式、分包单位等条款。

示范文本内有些条款并不是单一性质的，可能具有两三种性质，如有的依据性条款需要；有的双方约定具体执行方法，因而其还有约定性。

3.专用条款

考虑到园林建设工程的内容各不相同，工期、造价也随之变动，承包人、发包人各自的能力，施工现场的环境条件也各不相同，通用条款不能完全适用于各个具体的园林工程，因此配之以专用条款对其做必要的修改和补充，使通用条款和专用条款成为双方统一意愿的体现。专用条款的条款号与通用条款相一致，但主要是空格，由当事人根据工程的具体情况予以明确或者对通用条款进行修改、补充。

4.附件

园林工程施工合同文本的附件则是对施工合同当事人权利、义务的进一步明确，并且使得施工合同当事人的有关工作一目了然，便于执行和管理。附件一是"承包人承揽园林工程项目一览表"，附件二是"发包人供应园林工程材料设备一览表"，附件三是"园林工程质量养护书"。

二、园林工程施工承包合同的主要内容

1. 合同文件的顺序

作为园林工程施工合同文件组成部分的各个文件，其优先顺序是不同的，解释合同文件优先顺序的规定一般在合同通用条款内，可以根据项目的具体情况在专用条款内进行调整。原则上应把文件签署日期在后的和内容重要的排在前面，即更加优先。以下是合同通用条款规定的优先顺序。

（1）协议书（包括补充协议）；

（2）中标通知书；

（3）投标书及其附件；

（4）专用合同条款；

（5）通用合同条款；

（6）有关的标准、规范及技术文件；

（7）图纸；

（8）工程量清单；

（9）工程报价单或预算书等。

发包人在编制招标文件时，可以根据具体情况规定优先顺序。

2. 合同当事人

在施工合同中，当事人一般指发包人和承包人。通过条款规定，发包人是指在协议中约定具有工程发包主体资格和支付工程价款能力的当事人，以及取得该当事人资格的合法继承人。承包人是指在协议中约定被发包人接受的具有工程施工承包主体资格的当事人，以及取得该当事人资格的合法继承人。施工合同一旦签订，当事人任何一方都不允许转让合同。

3. 园林工程施工合同中发包方的主要责任与义务

（1）提供具备施工条件的施工现场和施工用地；

（2）提供其他施工条件，包括将施工所需水、电、电信线路从施工场地外部接至专用条款约定地点，并保证施工期间的需要，开通施工场地与城乡公共道路的通道，以及专用条款约定的施工场地内的主要道路，满足施工运输的需要，保证施工期间的畅通；

（3）提供有关水文地质勘探资料和地下管线资料，提供现场测量基准点、基准线和水准点及有关资料，以书面形式交给承包人，并进行现场交验，提供图纸等其他与合同工程有关的资料；

（4）办理施工许可证及其他施工工所需证件、批件和临时用地、停水、停电、中断道路交通、爆破作业等的申请批准手续（证明承包人自身资质的证件除外）；

（5）协调处理施工场地周围地下管线和邻近建筑物、构筑物（包括文物保护建筑）、古树名木的保护工作，承担有关费用；

（6）组织承包人和设计单位进行图纸会审和设计交底；

（7）按合同规定支付合同价款；

（8）按合同规定及时向承包人提供所需指令、批准等；

（9）按合同规定主持和组织工程的验收。

4.园林工程施工合同中承包方的主要责任与义务

（1）按合同要求的质量完成施工任务；

（2）按合同要求的工期完成并交付工程；

（3）遵守政府有关主管部门对施工场地交通、施工噪声以及环境保护和安全生产等的管理规定，按规定办理有关手续，并以书面形式通知发包人，发包人承担由此发生的费用，因承包人责任造成的罚款除外；

（4）负责保修期内的工程维修；

（5）接受发包人、工程师或其代表的指令；

（6）负责工地安全，看管进场材料、设备和未交工工程；

（7）负责对分包的管理，并对分包方的行为负责；

（8）按专用条款约定做好施工场地地下管线和邻近建筑物构筑物（包括文物保护建筑）、古树名木的保护工作；

（9）安全施工，保证施工人员的安全和健康；

（10）保持现场整洁；

（11）按时参加各种检查和验收。

5.进度控制的主要条款内容

（1）合同工期的约定。工期是指发包人和承包人在协议书中约定，按照总日历天数（包括法定节假日）计算的承包天数。

承发包双方必须在协议书中明确约定工期，包括开工日期和竣工日期。工程竣工验收通过，实际竣工日期为承包人送交竣工验收报告的日期；工程按发包人要求修改后通过验收的，实际竣工日期为承包人修改后提请发包人验收的日期。

（2）进度计划。承包人应按合同专用条款约定的日期，将施工组织设计和工程进度计划提交工程师，工程师按专用条款约定的时间予以确认或提出修改意见。

工程师对进度计划予以确认或者提出修改意见，并不免除承包人对施工组织设计和工程进度计划本身的缺陷应承担的责任。

（3）工程师对进度计划的检查和监督。开工后，承包人必须按照工程师确认的进度计划组织施工，接受工程师对进度的检查和监督。检查和监督的依据一般是双方已经确认的月度进度计划。

工程实际进度与经过确认的进度计划不符时，承包人应按照工程师的要求提出改进措施，经过工程师确认后执行。但是，对于因承包人自身原因导致实际进度与计划速度不符时，所有的后果都应由承包人自行承担，承包人无权就改进措施追加合同价款，工程师也不对改进措施的效果负责。

（4）暂停施工。

①工程师要求的暂停施工。工程师认为确有必要暂停施工时，应当以书面形

式要求承包人暂停施工，并在提出要求后 48 小时内提出书面处理意见。承包人应当按照工程师的要求停止施工，并妥善保护已完工程。

因为发包人原因造成停工的，由发包人承担所发生的追加合同价款，赔偿承包人由此造成的损失，相应顺延工期；因承包人原因造成停工的，由承包人承担发生的费用，工期不予顺延。因工程师不及时做出答复，导致承包人无法复工的，由发包人承担违约责任。

②因发包人违约导致承包人主动暂停施工。当发包人出现某些违约情况时，承包人可以暂停施工，发包人应当承担相应的违约责任。

③意外事件导致的暂停施工。在施工过程中出现一些意外情况，如果需要承包人暂停施工的，承包人应该暂停施工，此时工期是否给予顺延，应视风险责任应由谁承担而定。

（5）竣工验收。

①承包人提交竣工报告。当工程按合同要求全部完成后，具备竣工验收条件，承包人按国家工程竣工验收的有关规定，向发包人提供完整的竣工资料和竣工报告。

②发包人组织验收。发包人收到竣工报告后 28 天内组织验收，并在验收后 14 天内给予认可或提出修改意见，承包人应当按要求进行修改，并承担因自身原因造成修改的费用。中间交工工程的范围和竣工时间由双方在专用条款内约定。

发包人收到承包人送交的竣工报告后 28 天内不组织验收，或者在组织验收后 14 天内不提出修改意见，则视为竣工验收报告已经被认可。发包人在收到承包人竣工报告后 28 天内不组织验收，从第 29 天起承担工程保管及一切意外责任。

6.质量控制的主要条款内容

在施工过程中，承包人要随时接受工程师对材料、设备、中间部位、隐蔽工程和竣工工程等质量的检查、验收与监督。

（1）工程质量标准。工程质量应当达到协议书约定的质量标准，质量标准的评定以国家或行业的质量检验评定标准为依据。

双方对工程质量有争议，由双方同意的工程质量检测机构鉴定，所需要的费用以及因此造成的损失由责任方承担。

（2）检查和返工。承包人应认真按照标准、规范和设计图纸要求以及工程师依据合同发出的指令施工，随时接受工程师的检查检验，为检查检验提供便利条件。

工程师的检查检验不应影响施工的正常进行；如影响施工正常进行，检查检验不合格时，影响正常施工的费用由承包人承担。除此之外，影响正常施工的追加合同价款由发包人承担。相应顺延工期。

（3）隐蔽工程和中间验收。工程具备隐蔽条件或达到专用条款约定的中间验收部位，承包人进行自检，并在隐蔽或中间验收前以书面形式通知工程师验收。承包人准备验收记录，验收合格，工程师在验收记录上签字后，承包人方可进行隐蔽和继续施工；验收不合格，承包人在工程师限定的时间内修改后重新验收。

（4）重新检验。无论工程师是否进行验收，当其提出对已经隐蔽的工程重新检验的要求时，承包人应按要求进行剥离或开孔，并在检验后重新覆盖或修复。检验合格，发包人承担由此发生的全部追加合同价款，赔偿承包人损失，并相应顺延工期；检验不合格，承包人承担发生的全部费用，工期不予顺延。

（5）竣工验收。工程未经竣工验收或竣工验收未通过的，发包人不得使用；发包人强行使用时，由此发生的质量问题及其他问题，由发包人承担责任。

（6）质量保修。承包人应按照法律、行政法规或国家关于工程质量保修的有关规定，以及合同中有关质量保修要求，对交付发包人使用的工程在质量保修期内承担质量保修责任。承包人应在工程竣工验收之前与发包人签订质量保修书。作为合同附件，其主要内容包括工程质量保修范围和内容、质量保修期、质量保修责任和质量保修金的支付方法等。

（7）材料设备供应。

①发包人供应的材料设备。发包人应按合同约定提供材料设备，并向承包人提供产品合格证明，对其质量负责。发包人在所供材料设备到货前 24 小时以书面形式通知承包人，由承包人派人与发包人共同清点。发包人供应的材料设备，承包人派人参加清点后由承包人妥善保管，发包人支付相应保管费用。因承包人原因发生丢失损坏，由承包人负责赔偿。

发包人供应的材料设备使用前，由承包人负责检验或试验，不合格的不得使用，检验或试验费用由发包人承担。

②承包人采购材料设备。承包人负责采购材料设备的，应按照专用条款约定及设计和有关标准要求采购，并提供产品合格证明，对材料设备质量负责。

承包人供应的材料设备使用前，承包人应按照工程师的要求进行检验或试验，不合格的不得使用。检验或试验费用由承包人承担。

根据工程需要，承包人需要使用代用材料时应经工程师认可后才能使用。

7. 费用控制的主要条款内容

（1）施工合同价款。施工合同价款的约定可以采用固定总价、可调总价、固定单价、可调单价以及成本加酬金合同等方式。

（2）工程预付款。实行工程预付款的，双方应当在专用条款内约定发包人向承包人预付工程款的时间和数额，开工后按约定的时间和比例逐次扣回。

（3）工程进度款。工程量的确认，包括对承包人已完工程量进行计量、核实与确认，是发包人支付工程款的前提。

工程款（进度款）结算可以采用按月结算、按工程进度分段结算或者竣工后一次性结算等方式。

（4）变更价款的确定。承包人在工程变更确定后 14 天内提出变更工程价款的报告，经工程师确认后调整合同价款。

（5）竣工结算。工程竣工验收报告经发包人认可后 28 天内，承包人向发包人递交竣工结算报告及完整的结算资料，双方按照协议书约定的合同价款及专用条款约定的合同价款调整内容进行竣工结算。发包人收到承包人递交的竣工结算报告及结算资料后 28 天内进行核实，给予确认或者提出修改意见。发包人确认竣工结算报告后向承包人支付工程竣工结算价款。

（6）质量保修金。保修期清，承包人履行了保修义务，发包人应在质量保修期满后 14 天内结算，将剩余保修金和按工程质量保修书约定银行利率计算的利息一起返还承包人。

三、专业工程分包合同的主要内容

专业工程分包，是指施工总承包单位将其所承包工程中的专业工程发包给具有相应资质的其他企业完成的活动。

原来应由施工总承包单位（合同中仍称为承包人）承担的权利、责任和义务依据分包合同部分地转移给了分包人，但对发包人来讲，不能解除施工总承包单位（承包人）的义务和责任。

1. 专业工程分包合同的主要内容

专业工程分包合同示范文本的结构和主要条款、内容与施工承包合同相似，包括词语定义与解释，双方的一般权利和义务，分包工程的施工进度控制、质量控制、费用控制，分包合同的监督与管理、信息管理、组织与协调，施工安全管理与风险管理等。

分包合同内容的特点是，既要保持与主合同条件中相关分包工程部分的规定的一致性，又要区分负责实施分包工程的当事人变更后的两个合同之间的差异。分包合同所采用的语言文字和适用的法律，行政法规及工程建设标准一般应与主合同相同。

2. 工程承包人（总承包单位）的主要责任和义务

（1）分包人对总包合同的了解：承包人应提供总包合同（有关承包工程的价

格内容除外）供分包人查阅。分包人应全面了解总包合同的各项规定（有关承包工程的价格内容除外）。

（2）项目经理应按分包合同的约定，及时向分包人提供所需的指令、批准、图纸并履行其他约定的义务，否则分包人应在约定时间后 24 小时内将具体要求、需要的理由及延误的后果通知承包人，项目经理在收到通知后 48 小时内不予答复，应承担因延误造成的损失。

（3）承包人的工作。

①向分包人提供与分包工程相关的各种证件、批件和各种相关资料，向分包人提供具备施工条件的施工场地；

②组织分包人参加发包人组织的图纸会审，向分包人进行设计图纸交底；

③提供本合同专用条款中约定的设备和设施，并承担因此发生的费用；

④随时为分包人提供确保分包工程施工所要求的施工场地和通道等，满足施工运输的需要，保证施工期间的畅通；

⑤负责整个施工场地的管理工作，协调分包人与同一施工场地的其他分包人之间的交叉配合，确保分包人按照经批准的施工组织设计进行施工。

3.专业工程分包人的主要责任和义务

（1）分包人对有关分包工程的责任。除非合同条款另有约定，分包人应履行并承担总包合同中与分包工程有关的承包人的所有义务与责任，同时应避免因分包人自身行为或疏漏造成承包人违反总包合同中约定的承包人义务的情况发生。

（2）分包人与发包人的关系。分包人须服从承包人转发的发包人或工程师与分包工程有关的指令。未经承包人允许，分包人不得以任何理由与发包人或工程师发生直接工作联系，分包人不得直接致函发包人或工程师，也不得直接接受发包人或工程师的指令。如分包人与发包人或工程师发生直接工作联系，将被视为违约，并承担违约责任。

（3）承包人指令。就分包工程范围内的有关工作，承包人可以随时向分包人发出指令，分包人应执行承包人根据分包合同所发出的所有指令。分包人拒绝执行指令，承包人可委托其他施工单位完成该指令事项，发生的费用从应付给分包人的相应款项中扣除。

（4）分包人的工作。

①按照分包合同的约定，对分包工程进行设计（分包合同有约定时）、施工、竣工和保修。

②按照合同约定的时间，完成规定的设计内容，报承包人确认后在分包工程中使用，承包人承担由此发生的费用。

③在合同约定的时间内，向承包人提供年、季、月度工程进度计划及相应进度统计报表。

④在合同约定的时间内，向承包人提交详细施工组织设计，承包人应在专用条款约定的时间内批准、分包人方可执行。

⑤遵守政府有关主管部门对施工场地交通、施工噪声以及环境保护和安全文明生产等的管理规定，按规定办理有关手续，并以书面形式通知承包人，承包人承担由此发生的费用，因分包人责任造成的罚款除外。

⑥分包人应允许承包人、发包人、工程师及其三方中任何一方授权的人员在工作时间内，合理进入分包工程施工场地或材料存放地点，以及施工场地以外与分包合同有关的分包人的任何工作或准备的地点，分包人应提供方便。

⑦已竣工工程未交付承包人之前，分包人应负责已完分包工程的成品保护工作，保护期间发生损坏，分包人自费予以修复；承包人要求分包人采取特殊措施保护的工程部位和相应的追加合同价款，双方在合同专用条款内约定。

4.合同价款及支付

（1）分包工程合同价款可以采用以下三种中的一种（应与总包合同约定的方式一致）。

①固定价格在约定的风险范围内合同价款不再调整；

②可调价格，合同价款可根据双方的约定而调整，应在专用条款内约定合同价款调整方法；

③成本加酬金合同价款包括成本和酬金两部分，双方在合同专用条款内约定成本构成和酬金的计算方法。

（2）分包合同价款与总包合同相应部分价款无任何连带关系。

（3）合同价款的支付。

①实行工程预付款的，双方应在合同专用条款内约定承包人向分包人预付工程款的时间和数额，开工后按约定的时间和比例逐次扣回；

②承包人应按专用条款约定的时间和方式，向分包人支付工程款（进度款），按约定时间承包人应扣回的预付款与工程款（进度款）同期结算；

③分包合同约定的工程变更调整的合同价款，合同价款的调整、索赔的价款或费用以及其他约定的追加合同价款，应与工程进度款同期调整支付；

④承包人超过约定的支付时间不支付工程款（预付款、进度款），分包人可向承包人发出要求付款的通知，承包人不按分包合同约定支付工程款（预付款、进度款）导致施工无法进行，分包人可停止施工，由承包人承担违约责任；

⑤承包人应在收到分包工程竣工结算报告及结算资料后28天内支付工程竣工结算价款，在发包人不拖延工程价款的情况下无正当理由不按时支付，从第29天起按分包人同期向银行贷款利率支付拖欠工程价款的利息，并承担违约责任。

5.禁止转包或再分包

（1）分包人不得将其承包的分包工程转包给他人，也不得将其承包的分包工程的全部或部分再分包给他人，否则将被视为违约，并承担违约责任。

（2）分包人经承包人同意可以将劳务作业再分包给具有相应劳务分包资质的劳务分包企业。

（3）分包人应对再分包的劳务作业的质量等相关事宜进行督促和检查，并承担相关连带责任。

第四节　园林工程施工合同实施的控制

在园林工程实施的过程中要对合同的履行情况进行跟踪与控制，并加强工程变更管理，保证合同的顺利履行。

一、园林工程施工合同跟踪

1. 合同跟踪的依据

合同跟踪的重要依据是合同以及依据合同而编制的各种计划文件；其次是各种实际工程文件，如原始记录、报表、验收报告等；另外，还要依据管理人员对现场情况的直观了解，如现场巡视、交谈、会议、质量检查等。

2. 合同跟踪的对象

（1）承包的任务。

①工程施工的质量，包括材料、构件、制品和设备等的质量，以及施工或安装质量是否符合合同要求等；

②工程进度，是否在预定期限内施工，工期有无延长，延长的原因是什么等；

③工程数量，是否按合同要求完成全部施工任务，有无合同规定以外的施工任务等；

④成本的增加和减少。

（2）工程小组或分包人的工程和工作。可以将工程施工任务分解交由不同的工程小组或发包给专业分包完成，工程承包人必须对这些工程小组或分包人及其所负责的工程进行跟踪检查，协调关系，提出意见、建议或警告，保证工程总体质量和进度。对专业分包人的工作和负责的工程，总承包商负有协调和管理的责任，并承担由此造成的损失，所以专业分包人的工作和负责的工程必须纳入总承包工程的计划和控制中，防止因分包人工程管理失误而影响全局。

（3）业主和其委托的工程师的工作。

①业主是否及时、完整地提供工程施工的实施条件，如场地、图纸、资料等；

②业主和工程师是否及时给予指令、答复和确认等；

③业主是否及时并足额地支付应付的工程款项。

二、园林工程施工合同实施的偏差分析

通过合同跟踪，可能会发现合同实施中存在偏差，即工程实施实际情况偏离了工程计划和工程目标，应该及时分析原因，采取措施，纠正偏差，避免损失。合同实施偏差分析的内容包括以下几个方面。

1. 产生偏差的原因分析

通过对合同执行实际情况与实施计划的对比分析，不仅可以发现合同实施的偏差，而且可以探索引起差异的原因。

2. 合同实施偏差的责任分析

分析产生合同偏差的原因是由谁引起的，应该由谁承担责任。责任分析必须以合同为依据，按合同规定落实双方的责任。

3. 合同实施趋势分析

针对合同实施偏差情况，可以采取不同的措施，应分析在不同措施下合同执行的结果与趋势，包括：

（1）最终的工程状况，包括总工期的延误、总成本的超支、质量标准、所能达到的生产能力（或功能要求）等；

（2）承包商将承担什么样的后果，如被罚款、被清算，甚至被起诉，对承包商资信、企业形象、经营战略的影响等；

（3）最终工程经济效益水平。

三、园林工程施工合同实施的偏差处理

根据合同实施偏差分析的结果，承包商应采取相应的调整措施。调整措施如下。

1. 组织措施

增加人员投入、调整人员安排、调整工作流程和工作计划等。

2. 技术措施

变更技术方案、采用新的高效率的施工方案等。

3. 经济措施

增加投入、采取经济激励措施等。

4. 合同措施

进行合同变更、签订附加协议、采取索赔手段等。

四、工程变更管理

工程变更一般是指在工程施工过程中，根据合同约定对施工的程序，工程的内容、数量、质量要求及标准等做出的变更。

1. 工程变更的原因

（1）业主新的变更指令，对建筑的新要求。如业主有新的意图、业主修改项目计划、削减项目预算等。

（2）由于设计人员、监理方人员、承包商事先没有很好地理解业主的意图，或设计错误，导致图纸需要修改。

（3）工程环境的变化，预定的工程条件不准确，要求实施方案或实施计划变更。

（4）由于产生新技术和知识，有必要改变原设计。原实施方案或实施计划，或由于业主指令及业主责任的原因造成承包商施工方案的改变。

（5）政府部门对工程的新要求，如国家计划变化、环境保护要求、城市规划变动等。

（6）由于合同实施出现问题，必须调整合同目标或修改合同条款。

2. 工程变更的范围

（1）改变合同中所包括的任何工作的数量；

（2）改变任何工作的质量和性质；

（3）改变工程任何部分的标高、基线、位置和尺寸；

（4）删减任何工作，但要交他人实施的工作除外；

（5）任何永久工程需要的任何附加工作、工程设备、材料或服务；

（6）改动工程的施工顺序或时间安排。

第五节　园林工程施工各阶段的合同管理

一、发承包人对园林工程施工合同管理的任务

1. 发包人施工合同管理的任务

发包人施工合同管理的任务是按合同规定履行合同义务，行使合同权利，防止由于自身违约引起承包人索赔。

2. 承包人施工合同管理的任务

承包人合同管理的主要任务是按施工合同规定履行合同义务，行使合同权利，按合同规定的工期、质量、价款条件完成施工任务，使合同实施能够按预定的计划和方案顺利进行，避免受到处罚，搞好索赔管理。

（1）避免受到工期及质量问题的处罚。

①检查施工进度计划执行情况，及时发现并改进施工进度方面存在的问题；

②检查施工质量措施执行情况，及时发现并改进施工质量方面存在的问题；

③施工中出现的非自身责任事件对工期和质量产生影响时，应及时办理工程延期申请和质量处理报告；

④尽力申辩以减少不妥的处罚。

（2）搞好索赔管理。

①尽量利用设计变更工程洽商的机会提出工程延期要求和费用补偿要求；

②利用施工中产生的索赔机会缓解工期紧张及弥补费用损失。

二、园林工程施工准备阶段的合同管理

1. 施工前的准备工作

（1）图纸的准备。我国目前的园林绿化工程项目通常由发包人委托设计单位负责，在工程准备阶段应完成施工图设计文件的审查。发包人应免费按专用条款约定的份数供应承包人图纸。施工图纸的提供只要符合专用条款的约定，不影响承包人按时开工即可。具体来说，施工图纸应在合同约定的日期前发给发包人，可以一次提供，也可以在单位工程开始施工前分阶段提供，以保证承包人及时编制施工进度计划和组织施工。

有些情况下，如果承包人具有设计资质和能力，享有专利权的施工技术，在承包人工作范围内，可以由其完成部分施工图的设计，或由其委托设计分包人完成。但应在合同约定的时间内将按规定审查程序批准的设计文件提交审核，经过签认后使用，注意不能解除承包人的设计责任。

（2）施工进度计划。园林工程的施工组织，一般招标阶段由承包人在投标书内提交的施工方案或施工组织设计的深度相对较浅，签订合同后应对工程的施工做更深入的了解，可通过对现场的进一步考察和工程交底，完善施工组织设计和施工进度计划。有些大型工程采取分阶段施工，承包人可按照合同的要求，发包人提供的图纸及有关资料的时间，按不同投标阶段编制进度计划。施工组织设计和施工进度计划应提交发包人或委托的监理工程师确认，对已认可的施工组织设计和工程进度计划本身的缺陷不免除承包人应承担的责任。

（3）其他各项准备工作。开工前，合同双方还应做好其他各项准备工作。如发包人应当按照专用条款的规定使施工现场具备施工条件，开通施工现场公共道路；承包人应当做好施工人员和设备的调配工作。

2. 延期开工与工程的分包

为了保证在合理工期内及时竣工，承包人应按专用条款确定的时间开工，在

工程的准备工作不具备开工条件情况下，则不能盲目开工。对于延期开工的责任应按合同的约定区分。如果工程需要分包，也应明确相应的责任。

（1）延期开工。因发包人的原因施工现场不具备施工的条件，影响了承包人不能按照协议书约定的日期开工时，发包人应以书面形式通知承包人推迟开工日期。发包人应当赔偿承包人因此造成的损失，相应顺延工期。

承包人不能按时开工，应在不迟于协议书约定的开工日期前7天，以书面形式提出延期开工的理由和要求。延期开工申请受理后的48小时内未予答复，视为同意承包人的要求，工期相应顺延；如果不同意延期要求，工期不予顺延。如果承包人未在规定时间内提出延期开工要求，工期也不予顺延。

（2）工程的分包。施工合同范本的通用条件规定，未经发包人同意，承包人不得将承包工程的任何部分分包；工程分包不能解除承包人的任何责任和义务。一般发包人在合同管理过程中对工程分包要进行严格控制。

多数情况下，承包人可能出于自身能力考虑，将部分自己没有实施资质的特殊专业工程分包和部分较简单的工作内容分包。有些已在承包人投标书内的分包计划中发包人通过接受投标书表示了认可，有些在施工合同履行过程中承包人又根据实际情况提出分包要求，则需要经过发包人的书面同意。注意，主体工程的施工任务、主要工程发包人是不允许分包的，必须由承包人完成。

分包的工程涉及两个合同，一个是发包人与承包人签订的施工合同，另一个是承包人与分包人签订的分包合同。按合同的有关规定，一方面，工程的分包不解除承包人对发包人应承担在该分包工程部分施工的合同义务；另一方面，为了保证分包合同的顺利履行，发包人未经承包人同意，不得以任何形式向分包人支付各种工程款，分包人完成施工任务的报酬只能依据分包合同由承包人支付。

三、园林工程施工过程的合同管理

1. 对材料和设备的质量控制

在园林工程施工过程中，为了确保工程项目的施工质量，满足施工合同要求，首先应从使用的材料和设备的质量控制入手。

（1）材料设备的到货检验。园林工程项目使用的建筑材料、植物材料和设备按照专用条款约定的采购供应责任，一般由承包人负责，也可以由发包人提供全部或部分材料和设备。

承包人采购的材料设备：

承包人负责采购的材料设备，应按照合同专用条款约定及设计要求和有关标准采购，并提供产品合格证明，对材料设备质量负责；

承包人在材料设备到货前24小时应通知发包方共同进行到货清点；

承包人采购的材料设备与设计或标准要求不符时，承包人应在发包方要求的时间内运出施工现场，重新采购符合要求的产品，承担由此发生的费用，延误的工期不再顺延。

发包人应按照专用条款的材料设备供应一览表，按时、按质、按量将采购的材料和设备运抵施工现场，发包人在其所供应的材料设备到货前24小时，应以书面形式通知承包人，由承包人派人与发包人共同清点。发包人供应的材料设备与约定不符时，应当由发包人承担有关责任。视具体情况按照以下原则处理：

①材料设备单价与合同约定不符时，由发包人承担所有差价。

②材料设备种类、规格、型号、数量、质量等级与合同约定不符时，承包人可以拒绝接收保管，由发包人运出施工场地并重新采购。

③到货地点与合同约定不符时，发包人负责运至合同约定的地点。

④供应数量少于合同约定的数量时，发包人将数量补齐；多于合同约定的数量时，发包人负责将多出部分运出施工场地。

⑤到货时间早于合同约定时间，发包人承担因此发生的保管费用；到货时间迟于合同约定的供应时间，由发包人承担相应的追加合同价款。发生延误，相应顺延工期，发包人赔偿由此给承包人造成的损失。

（2）材料和设备的使用前检验。为了防止材料和设备在现场储存时间过长或保管不善而导致质量降低，应在用于永久工程施工前进行必要的检查试验。关于材料设备方面的合同责任如下。

①发包人供应材料设备。按照合同对质量责任的约定，发包人供应的材料设备进入施工现场后需要在使用前检验或者试验的，由承包人负责检查试验，费用由发包人负责。此次检查试验通过后，仍不能解除发包人供应材料设备存在的质量缺陷责任。也就是说，承包人在对材料设备检验通过之后，如果又发现有质量问题时，发包人仍应承担重新采购及拆除重建的追加合同价款，并相应顺延由此延误的工期。

②承包人负责采购的材料和设备。按合同的有关约定，由承包人采购的材料设备，发包人不得指定生产厂或供应商；采购的材料设备在使用前，承包人应按发包方的要求进行检验或试验，不合格的不得使用，检验或试验费用由承包人承担；发包方发现承包人采购并使用不符合设计或标准要求的材料设备时，应要求由承包人负责修复、拆除或重新采购，并承担发生的费用，由此延误的工期不予顺延；承包人需要使用代用材料时，应经发包方认可后才能使用，由此增减的合同价款双方以书面形式议定。

2. 对施工质量的管理

工程施工的质量应达到合同约定的标准，这是园林工程施工质量管理的最基本要求。在施工过程中加强检查，对不符合质量标准的应及时返工。承包人应认真按照标准规范和设计要求以及发包方依据合同发出的指令施工，随时接受发包方及其委派人员的检查、检验，并为检查检验提供便利条件。

（1）承包人承担的责任。

①因承包人的原因达不到约定标准，由承包人承担返工费用，工期不予顺延；

②工程质量达不到约定标准的部分，发包方一经发现，可要求承包人拆除和重新施工，承包人应按发包方及其委派人员的要求拆除和重新施工，承担由于自身原因导致拆除和重新施工的费用，工期不予顺延；

③经过发包方检查检验合格后又发现因承包人原因出现的质量问题，仍由承包人承担责任，赔偿发包人的直接损失，工期不应顺延；

④检查检验不合格时，影响正常施工的费用由承包人承担，工期不应顺延。

（2）发包人承担的责任。

①因发包人的原因达不到约定标准，工期相应顺延，由发包人承担返工的追加合同价款。

②发包人对部分或者全部工程质量有特殊要求的，应支付由此增加的追加合同价款，对工期有影响的应给予相应顺延。

③影响正常施工的追加合同价款由发包人承担，相应顺延工期；发包人指令失误和其他非承包人原因发生的追加合同价款，由发包人承担。

（3）双方均有责任。双方均有责任的，由双方根据其责任分别承担。因双方原因达不到约定标准，责任由双方分别承担。如果双方对工程质量有争议，由专用条款约定的工程质量监督部门鉴定，所需费用及因此造成的损失，由责任方承担。

3.对设计变更的管理

（1）发包人要求的设计变更。施工中发包人需对原工程设计进行变更，应提前14天以书面形式向承包人发出变更通知。变更超过原设计标准或批准的建设规模时，发包人应报规划管理部门和其他有关部门重新审查批准，并由原设计单位提供变更的相应图纸和说明。因设计变更导致合同价款的增减及造成的承包人损失由发包人承担，延误的工期相应顺延。

（2）承包人要求的设计变更。施工中承包人不得因施工方便而要求对原工程设计进行变更。承包人在施工中提出的合理建议被发包人采纳，则需有书面手续。同意采用承包人的合理化建议，所发生费用和获得收益的分担或分享由发包人和承包人另行约定。未经同意承包人擅自更改或换用，承包人应承担由此发生的费用，并赔偿发包人的有关损失，延误的工期不予顺延。

（3）确定设计变更后合同价款。确定变更价款时，应维持承包人投标报价单内的竞争性水平。应采用以下原则：

①合同中已有适用于变更工程的价格，按合同已有的价格变更合同；

②合同中只有类似于变更工程的价格，可以参照类似价格变更合同；

③合同中没有适用或类似于变更工程的价格，由承包人提出适当的变更价格，经发包人确认后执行。

4.施工进度管理

施工阶段的合同管理，就是确保施工工作按进度计划执行，施工任务在规定的合同工期内完成。实际施工过程中，由于受到外界环境条件、人为条件、现场情况等的限制，经常出现与承包人开工前编制施工进度计划时预计的施工条件有出入的情况，导致实际施工进度与计划进度不符。此时的合同管理就显得特别重要，对暂停施工与工期延误的有关责任应准确把握，并做好修改进度计划和后续施工的协调管理工作。

（1）暂停施工。在施工过程中，有些情况会导致暂停施工。停工责任在发包人，由发包人承担所发生的追加合同价款，赔偿承包人由此造成的损失，相应顺延工期；如果停工责任在承包人，由承包人承担发生的费用，工期不予顺延。

由于发包人不能按时支付的暂停施工，施工合同范本通用条款中对以下两种情况，给予承包人暂时停工的权利。

①延误支付预付款。发包人不按时支付预付款，承包人在约定时间7天后向发包人发出预付通知。发包人收到通知后仍不能按要求预付，承包人可在发出通知后7天停止施工。发包人应从约定应付之日起，向承包人支付应付款的贷款

利息。

　　②拖欠工程进度款。发包人不按合同规定及时向承包人支付工程进度款且双方又未达成延期付款协议时，导致施工无法进行，承包人可以停止施工，由发包人承担违约责任。

　　（2）工期延误。施工过程中，由于社会环境及自然条件人为情况和管理水平等因素的影响，工期延误经常发生，可能导致不能按时竣工，这时承包人应依据合同责任来判定是否应要求合理延长工期。按照施工合同范本通用条件的规定，由以下原因造成的工期延误，经确认后工期可相应顺延：

　　①发包人未按专用条款的约定提供开工条件。

　　②发包人未按约定日期支付工程预付款、进度款。

　　③发包人未按合同约定提供所需指令、批准等，致使施工不能正常设计变更和工程量增加。一周内非承包人原因停水、停电、停气造成停工累计超过8小时。

　　④不可抗力。

　　⑤专用条款中约定或发包人同意工期顺延的其他情况。

　　（3）发包人要求提前竣工。提前竣工时，双方应充分协商，达成一致。对签订的提前竣工协议，应作为合同文件的组成部分。提前竣工协议应包括以下几方面的内容：

　　①提前竣工的时间；

　　②发包人为赶工程应提供的方便条件；

　　③承包人在保证工程质量和安全的前提下；

　　④提前竣工所需的追加合同价款等；

　　⑤可能采取的赶工措施。

　　5. 施工环境管理

　　施工环境管理是指施工现场的正常施工工作应符合行政法规和合同的要求，做到文明施工。施工环境管理应遵守法规对环境的要求，保持现场的整洁，重视施工安全。

施工应遵守政府有关主管部门对施工场地、施工噪声以及环境保护和安全生产等的管理规定。承包人按规定办理有关手续，并以书面形式通知发包人，发包人承担由此发生的费用。承包人应保证施工场地清洁，符合环境卫生管理的有关规定。交工前清理现场，达到专用条款约定的要求。

承包人应遵守安全生产的有关规定，严格按安全标准组织施工，因此发生的费用由承包人承担。发包人应对其在施工场地的工作人员进行安全教育，并对他们的安全负责。发包人不得要求承包人违反安全管理规定进行施工。因发包人原因导致的安全事故，由发包人承担相应责任及发生的费用。

承包人在动力设备、输电线路、地下管道、易燃易爆地段以及临街交通要道附近施工时，施工开始前应有安全防护措施，安全防护费用由发包人承担。

四、园林工程竣工阶段的合同管理

1. 竣工验收

工程验收是合同履行中的一个重要工作阶段，竣工验收可以是整体工程竣工验收，也可以是分项工程竣工验收，具体应按施工合同约定进行。

2. 工程保修保养

承包人应当在工程竣工验收之前，与发包人签订质量保修书，作为合同附件。质量保修书的主要内容包括工程质量保修范围和内容、质量保修期、质量保修责任、保修费用和其他约定五部分。

3. 竣工结算

工程竣工验收报告经发包人认可后，承包人双方应当按协议书约定的合同价款及专用条款约定的合同价款调整方式，进行工程竣工结算。

第六节 园林工程索赔原则与程序

园林工程索赔是在工程承包合同履行中，当事人一方由于另一方未履行合同所规定的义务或者出现了应当承担的风险而遭受损失时，向另一方提出索赔要求的行为。

一、园林工程索赔的依据

1.索赔成立的前提条件

索赔的成立，应该同时具备以下三个前提条件，缺一不可。

（1）与合同对照，事件已造成承包人工程项目成本的额外支出或直接工期损失；

（2）造成费用增加或工期损失的原因，按合同约定不属于承包人的行为责任或风险责任；

（3）承包人按合同规定的程序和时间提交索赔意向通知和索赔报告。

2.园林工程索赔的处理原则

承包方必须掌握有关法律政策和索赔知识，进行索赔须做到：

（1）有正当索赔理由和充分证据；

（2）索赔必须以合同为依据，按施工合同文件有关规定办理；

（3）准确、合理地记录索赔事件和计算费用。

3.索赔的依据

（1）合同文件；

（2）法律、法规；

（3）工程建设惯例。

4.常见的园林工程索赔证据

（1）各种合同文件；

（2）工程各种往来函件、通知、答复等；

（3）各种会谈纪要；

（4）经过发包人或者工程师批准的承包人的施工进度计划、施工方案、施工组织设计和现场实施情况记录；

（5）工程各项会议纪要；

（6）气象报告和资料，如有关温度、风力、雨雪的资料；

（7）施工现场记录；

（8）工程有关照片和录像等；

（9）施工日记、备忘录等；

（10）发包人或者工程师签认的签证；

（11）发包人或者工程师发布的各种书面指令和确认书，以及承包人的要求、请求、通知书等；

（12）工程中的各种检查验收报告和各种技术鉴定报告；

（13）工地的交接记录（应注明交接日期，场地平整情况，水、电、路情况等），图纸和各种资料的交接记录；

（14）材料和设备的采购、订货、运输、进场，使用方面的记录、凭证和报表等；

（15）市场行情资料，包括市场价格、官方的物价指数、工资指数、中央银行的外汇比率等公布材料；

（16）投标前发包人提供的参考资料和现场资料；

（17）工程结算资料、财务报告、财务凭证等；

（18）各种会计核算资料；

（19）国家法律、法令、政策文件。

二、园林工程索赔的程序

1. 根据招标文件及合同要求的有关规定提出索赔意向书

当合同当事人一方向另一方提出索赔时，要有正当的索赔理由，且有索赔事件发生时的有效证据。索赔事件发生 28 天内，向监理工程师发出索赔意向通知。合同实施过程中，凡不属于承包方责任导致项目拖延和成本增加事件发生后的 28 天内，必须以正式函件通知监理工程师，声明对此事项要求索赔，同时仍需遵照监理工程师的指令继续施工，逾期申报时，监理工程师有权拒绝承包方的索赔要求。

2. 索赔过程的时间要求和程序

（1）发出索赔意向通知后 28 天内，向监理工程师提出补偿经济损失（计量支付）和（或）延长工期的索赔报告及有关资料。正式提出索赔申请后，承包方应抓紧准备索赔的证据资料，包括事件的原因、对其权益影响的资料、索赔的依据，以及其他计算出该事件影响所要求的索赔额和申请延期的天数，并在索赔申请发出的 28 天内提出。

（2）监理工程师审核承包方的索赔申请。监理工程师在收到承包方送交的索赔报告和有关资料后，于 28 天内给予答复，或要求承包方进一步补充索赔理由和证据。监理工程师在 28 天内未予答复或未对承包方做进一步要求，视为该项索赔已经认可。

（3）当索赔事件持续进行时，承包方应当阶段性向监理工程师发出索赔意向，在索购事件终了后 28 天内，向监理工程师提出索赔的有关资料和最终索赔报告。

三、园林工程索赔项目概述及起止日期计算方法

园林施工过程中主要是工期索赔和费用索赔。工期延误又称为工程延误或进度延误，是指工程实施过程中任何一项或多项工作的实际完成日期迟于计划规定的完成日期，从而可能导致整个合同工期的延长。工期延误对合同双方一般都会

造成损失。工期延误的后果是形式上的时间损失，实质上会造成经济损失。

1. 延期发出图纸产生的索赔

接到中标通知书后 28 天内，承包方有权免费得到由发包方或其委托的设计单位提供的全部图纸技术规范和其他技术资料，并且向承包方进行技术交底。如果在 28 天内未收到监理工程师送达的图纸及其相关资料，作为承包方应依据合同提出索赔申请。接收中标通知书后第 29 天为索赔起算日，收到图纸及有关资料的日期为索赔结束日。

由于是施工前准备阶段，该类项目一般只进行工期索赔。

2. 恶劣的气候条件导致的索赔

可分为工程损失索赔及工期索赔。发包方一般对在建项目进行投保，故由恶劣天气影响造成的工程损失可向保险机构申请损失费用；在建项目未投保时，应根据合同条款及时进行索赔。该类索赔计算方法：在恶劣气候条件开始影响的第一天为起算日，恶劣气候条件终止日为索赔结束日。

3. 工程变更导致的索赔

工程施工项目已进行施工又进行变更，工程施工项目增加或局部尺寸数量变化等。计算方法：承包方收到监理工程师书面工程变更令或发包方下达的变更图纸日期为起算日期，变更工程完成日为索赔结束日。

4. 以承包方能力不可预见引起的索赔

由于工程投标时图纸不全，有些项目承包方无法做正确计算，如地质情况软基处理等。该类项目一般发生的索赔有工程数量增加或需要重新投入新工艺、新设备等。计算方法在承包方未预见的情况开始出现的第一天为起算日，终止日为索赔结束日。

5. 由外部环境引起的索赔

属发包方原因，由于外部环境影响（如征地拆迁、施工条件、用地的出入权和使用权等）而引起的索赔。

根据监理工程师批准的施工计划影响的第一天为起算日。经发包方协调或外部环境影响自行消失日为索赔事件结束日。该类项目一般进行工期及工程机械停滞费用索赔。

6. 监理工程师指令导致的索赔

以收到监理工程师书面指令时为起算日，按其指令完成某项工作的日期为索赔事件结束日。

四、索赔文件管理

1. 同期记录

提交索赔意向书后，就应从索赔事件起算日起至索赔事件结束日止，认真做好同期记录。每天均应有记录，并经现场监理工程师签认；索赔事件造成现场损失时，还应有现场照片、录像资料。同期记录的内容有事件发生及过程中现场实际状况，导致现场人员、设备闲置的清单，对工期的延误，对工程的损害程度，导致费用增加的项目及所用的工作人员、机械、材料数量和有效票据等。

2. 索赔最终报告

（1）索赔申请表，填写索赔项目、依据、证明文件、索赔金额和日期；

（2）批复的索赔意向书；

（3）编制说明索赔事件的起因、经过和结束的详细描述；

（4）附件：与本项费用或工期索赔有关的各种往来文件，包括承包方发出的与工期和费用索赔有关的证明材料及详细计算资料。

3. 索赔的管理

（1）由于索赔引起费用或工期的增加，往往成为上级主管部门复查的对象。为真实准确反映索赔情况，承包方应建立健全工程索赔台账或档案。

（2）索赔的台账应反映索赔发生的原因、索赔发生的时间、索赔意向提交时间、索赔结束时间、索赔申请工期和金额、监理工程师审核结果及发包方审批结果等内容。

（3）对合同工期内发生的每笔索赔均应及时登记。工程完工时应形成完整的资料，作为工程竣工资料的组成部分。

第七节　园林工程施工合同的履行、变更、转让和终止

一、园林工程施工合同的履行

园林工程施工合同履行是指园林工程建设业主与施工企业双方依据施工合同条款的规定，实现各自享有的权利，并承担各自负有的义务。就其实质来说，是施工合同当事人在合同生效后全面，适时地完成合同义务和权利的行为。

合同履行是合同法的核心内容，也是合同当事人订立合同的根本目的。当事人双方在履行施工合同时，必须全面、善始善终地履行各自承担的义务，并使当事人的权利得以实现，从而为各社会组织之间的生产经营及其他交易活动的顺利进行创造条件。

由于园林工程施工合同履行的特殊性，其在履行的过程中存在不同于其他合同的情形，这些情形所导致纠纷的解决也有其自身的特殊性。

1.园林工程质量不符合约定情况下责任承担问题

导致工程质量不合格的原因很多，有发包人的原因，也有承包商的原因。其责任的承担应该根据具体的情况分别做出处理。

（1）因承包商过错导致质量不符合约定的处理。因施工人的原因致使建设工程质量不符合约定的，发包人有权要求施工人在合理期限内无偿修理或者返工改建。经过修理或者返工改建后，造成逾期交付的，施工人应当承担违约责任。

因承包人的过错造成建设工程质量不符合约定，承包人拒绝修理、返工或者改建，发包人请求减少支付工程价款的，应予支持。

（2）因发包人过错导致质量不符合约定的处理。建设单位必须向施工单位提

供与施工项目有关的原始资料。原始资料必须真实、准确、齐全。发包人具有下列情形之一造成施工项目质量缺陷，应当承担过错责任。

①提供的设计有缺陷；

②提供或者指定购买的材料、构配件、设备不符合强制性标准；

③直接指定分包人分包专业工程。

（3）发包人擅自使用后出现质量问题的处理。建设单位收到工程竣工报告后，应当组织设计、施工、工程监理等有关单位进行竣工验收。园林工程经验收合格的，方可交付使用。但是，有的建设单位为了提前投入生产，在没有经过竣工验收的前提下就擅自使用。由于工程质量问题都需要经过一段时间才能显现出来，所以，这种未经竣工验收就使用的行为往往就导致了其后的工程质量的纠纷。

园林工程未经竣工验收，发包人擅自使用后，又以使用部分质量不符合约定为由主张权利的，不予支持。但是承包人应当在工程的合理使用寿命内对地基基础工程和主体结构质量承担民事责任。

发包人未经验收而提前使用工程不仅在工程质量上要承担更大的责任，同时还将由于这样的行为而接受法律的制裁。发包方有下列行为之一的，责令改正，处以工程合同价款 2% 以上 4% 以下的罚款。

①未组织竣工验收，擅自交付使用的；

②验收不合格，擅自交付使用的；

③对不合格的建设工程按照合格工程验收的。

2. 对竣工工期的争议问题

工程竣工验收通过，承包人送交竣工验收报告的日期为实际竣工日期。工程按发包人要求修改后通过竣工验收的，实际竣工日期为承包人修改后提请发包人验收的日期。但是在实际操作过程中却容易出现一些特殊的情形并最终导致关于竣工日期争议的产生。这些情形的主要表现如下。

（1）由于建设单位和施工单位对于工程质量是否符合合同约定产生争议而导

致对竣工日期的争议。工程质量是否合格涉及多方面因素，当事人双方很容易就其影响因素产生争议。而一旦产生争议，就需要权威部门来鉴定。鉴定结果如果不合格就不涉及竣工日期的争议，而如果鉴定结果是合格的，就涉及以哪天作为竣工日期的问题。承包商认为应该以提交竣工验收报告之日作为竣工日期，而建设单位则认为应该以鉴定合格之日为实际竣工日期。

对此，《合同法》规定，建设工程竣工前，当事人对工程质量发生争议，工程质量经鉴定合格的，鉴定期间为顺延工期期间。因此，应该以提交竣工验收报告之日为实际竣工日期。

（2）由于发包人拖延验收而产生的对实际竣工日期的争议。工程具备竣工验收条件，承包人按国家工程竣工验收有关规定，向发包人提供完整竣工报告。发包人收到竣工报告后28天内组织有关单位竣工验收，并在验收后14天内给予认可或提出修改意见。承包人按要求修改，并承担由自身原因造成的修改费用。但是，有时候由于各种原因，发包方没能按照约定的时间组织竣工验收，最后施工单位和建设单位就实际竣工时间产生争议。对此，《合同法》规定：工程经竣工验收合格的，以竣工验收合格之日为竣工日期。承包人已经提交竣工验收报告，发包人拖延验收的，以承包人提交验收报告之日为竣工日期。

（3）由于发包人擅自使用工程而产生的对于实际竣工验收日期的争议。有时候，建设单位为了提前使用工程而取消了竣工验收这道法律规定的程序。而这样的后果之一就是容易对实际竣工日期产生争议，因为没有提交的竣工验收报告和竣工验收试验可供参考。对于工程未经竣工验收，发包人擅自使用的，以转移占有工程之日为竣工日期。

3.对计价方法的争议问题

（1）因变更引起的纠纷。在工程施工过程中，变更是普遍存在的。尽管变更的表现形式纷繁复杂，但是其对于工程款支付的影响却仅仅表现在两个方面：

①工程量的变化导致价格的纠纷；

②工程质量标准的变化导致价格的纠纷。

（2）因工程质量验收不合格导致的纠纷。工程合同中的价款针对的是合格工程而言，而在工程实践中，不合格产品也是普遍存在的，对于不合格产品如何计价也就成为合同当事人关注的问题。在这个问题中也涉及两方面的问题：一是工程质量与合同约定的不符合程度，二是针对该工程质量应予支付的工程款。

园林工程施工合同有效，但工程经竣工验收不合格的，工程价款结算按以下两条处理。

①修复后的建设工程经验收合格，发包人请求承包人承担修复费用的，予以支持；

②修复后的建设工程经竣工验收不合格，承包人请求支付工程价款的，不予支持。

因工程不合格造成的损失，发包人有过错的，也应承担相应的民事责任。

（3）因利息而产生的纠纷。当事人对欠付工程价款利息计付标准有约定的，按照约定处理；没有约定的，按照中国人民银行发布的同期同类贷款利率计息。利息从应付工程价款之日起计算。当事人对付款时日没有约定或者约定不明的，下列时间视为应付款时间：

①工程实际交付的，为交付之日；

②工程没有交付的，为提交竣工结算文件之日；

③工程未交付，工程价款也未结算的，为当事人起诉之日。

（4）因合同计价方式产生的纠纷。合同价可以采用以下方式：

①固定价。合同总价或者单价在合同约定的风险范围内不可调整。

②可调价。合同总价或者单价在合同实施期内，根据合同约定的办法调整。

③成本加酬金。合同总价由成本和建设单位支付给施工单位的酬金两部分构成。

由于工程的外部环境在不断地变化，这些变化可能会使施工单位的成本增加。

例如，某种材料的大幅降价，使得承包商承担了更大的成本。这时，承包商就可能提出索赔的要求，要求建设单位支付增加的部分成本。对于上面三种计价方式，如果采用可调价合同或成本加酬金合同，建设单位应该在合同约定的范围内支付这笔款项。

另外，当事人约定按照固定价结算工程价款，一方当事人请求对建设工程造价进行鉴定的不予支持。

4.对工程量的争议问题

在工程款支付过程中，确认完成的工程量是一个重要的环节。只有确认了完成的工程量，才能进行下一步的结算。

（1）关于确认工程量引起的纠纷。对未经签证但事实上已经完成的工程量应以工程师的确认为依据。工程师的确认以签证为依据。但是，有时候却存在另一种情况，工程师口头同意进行某项工程的修建，但是由于主观或者客观的原因而没能及时提供签证。对于这部分工程量的确认就很容易引起纠纷。

（2）对于确认工程量的时间的纠纷。如果建设单位迟迟不确认施工单位完成的工程量，就会导致施工单位不能及时得到工程款，这样就损害了施工单位的利益。为了保护合同当事人的合法权益，当事人约定，发包人收到竣工结算文件后，在约定期限内不予答复，视为认可竣工结算文件的，按照约定处理。承包人请求按照竣工结算文件结算工程价款的，应予支持。

二、园林工程施工合同的变更、转让

1.园林工程施工合同的变更

园林工程施工合同的变更有广义与狭义之分。

狭义的变更是指合同内容的某些变化是在主体不变的前提下，在合同没有履行或没有完全履行前，由于一定的原因，由当事人对合同约定的权利、义务进行局部调整。这种调整通常表现为对合同某些条款的修改或补充。

广义的合同变更是指除包括合同内容的变更外，还包括合同主体的变更，即由新的主体取代原合同的某一主体。这实质上是合同的转让。

以下都是指狭义的变更。

（1）合同变更的概念。合同变更是指合同依法订立后，在尚未履行或尚未完全履行时，当事人依法经过协商，对合同的内容进行修改或调整所达成的协议。合同变更时，当事人应当通过协商，对原合同的部分内容条款做出修改、补充或增加新的条款。

（2）合同变更的法律规定。《合同法》规定："当事人协商一致，可以变更合同。"法律、行政法规规定变更合同应当办理批准登记手续的，依照其规定办理；当事人因重大误解、显失公平、欺诈、胁迫或乘人之危而订立的合同，受损害一方有权请求人民法院或者仲裁机构做出变更合同中的相关内容或撤销合同的决定。

（3）合同变更的缘由。在施工过程中，由于各方的原因往往会出现一些不可预见的事件造成施工合同变更，如设计图纸改变、施工方法改变、施工材料改变或施工材料价格变化、施工主体变化、意外天气变化或自然灾害等。在合同履行过程中，应尽量减少合同的变更。若必须进行合同变更，则必须按照相关规定办理批准登记手续；否则，合同的变更不发生效力。

（4）合同变更的内容。园林工程施工合同内容变更可能涉及合同标的、数量、质量、价款或者酬金、期限、地点、计价方式等。园林工程施工承包领域的设计变更即为涉及合同内容的变更。

2. 合同的转让

合同转让是指合同当事人一方依法将合同权利、义务全部或者部分转让给他人。合同转让在习惯上又称为合同主体的变更，是以新的债权人代替了原合同的债权人，或者以新的债务人代替了原合同的债务人。

（1）合同转让的类型。

①合同权利转让；

②合同义务转移；

③合同权利、义务概括转让（也称概括转移）。

（2）债权人转让权利：工程施工合同债权人通过协议将其债权全部或部分转让给第三人的行为。

（3）债务人转让义务：工程施工合同债权人与第三人之间达成协议，并经债权人同意，将其义务全部或部分转移给第三人的行为。

如果法律强制性规范规定不得转让债务，则该合同债务不得转移，即禁止承包单位将其承包的全部工程转包给他人。这就属于法律强制性规范规定债务不得转移的情形。同时，工程施工合同的转让要符合法定的程序。债务人将合同的义务全部或者部分转移给第三人的，应当经债权人同意。

三、园林工程施工合同的终止

园林工程施工合同的终止指的是合同当事人双方依法使相互间的权利义务关系终止，即合同的解除。

1.合同解除的法律规定

当事人协商一致，可以解除合同。当事人可以约定一方解除合同的条件。解除合同的条件成熟时，解除权人可以解除合同。

有下列情形之一的，当事人可以解除合同。

（1）因不可抗力致使不能实现合同目的；

（2）在履行期限届满之前，当事人一方明确表示或者以自己的行为表明不履行主要债务；

（3）当事人一方迟延履行主要债务，经催告后在合理期限内仍未履行；

（4）当事人一方迟延履行债务或者其他违约行为致使不能实现合同目的；

（5）法律规定的其他情形。

2.解除园林工程施工合同的条件

（1）发包人请求解除合同的条件。承包人具有下列情形之一，发包人请求解除园林工程施工合同的，应予支持：

①明确表示或者以行为表明不履行合同主要义务的；

②合同约定的期限内没有完工，且在发包人催告的合理期限内仍未完工的；

③已经完成的建设工程质量不合格，并拒绝修复的；

④将承包的建设工程非法转包，违法分包的。

（2）承包人请求解除合同的条件。发包人具有下列情形之一，致使承包人无法施工，且在催告的合理期限内仍未履行相应义务，承包人请求解除建设工程施工合同的，应予支持：

①未按约定支付工程价款的；

②提供的主要建筑材料、建筑构配件和设备不符合强制性标准的；

③不履行合同约定的协助义务的。

上述三种情形均属于发包人违约。因此，合同解除后，发包人还要承担违约责任。

四、违约责任

违约责任的规定有助于保障合同的顺利履行，因为承担违约责任使得违约方为违约付出了代价。同时违约责任的规定也可以弥补守约方因对方违约而蒙受的损失，符合公平的原则。因此，掌握违约责任的规定既可以使当事人预知违约所带来的后果，进而有助于做好风险分析，也有助于当事人在对方违约时采取适当方式维护自身的利益。

违约责任是指合同当事人不履行合同或者履行合同不符合约定而应承担的民事责任。违约责任是财产责任。这种财产责任表现为支付违约金、定金、赔偿损失、继续履行、采取补救措施等。尽管违约责任含有制裁性，但是，违约责任的本质不在于对违约方的制裁，而在于对被违约方的补偿，更主要表现为补偿性。

1.违约责任的构成要件

违约责任的构成要件包括主观要件和客观要件。

（1）主观要件。主观要件是指作为合同当事人，在履行合同中不论其主观上是否有过错，即主观上有无故意或过失，只要造成违约的事实，均应承担违约法律责任。

（2）客观要件。客观要件是指合同依法成立生效后，合同当事人一方或者双方未按照法定或约定全面地履行应尽的义务，也即出现了客观的违约事实，即应承担违约的法律责任。

违约责任实行严格责任原则。严格责任原则是指有违约行为即构成违约责任，只有存在法定或约定免责事由的时候才可以免除违约责任。

例如，某施工单位与建设单位签订了一份施工承包合同，合同中约定2022年11月30日竣工。2022年8月20日，该地区发生了台风，使得在建的工程部分毁坏，导致施工单位没能按时交付工程。这种情况下，施工单位没能按时交付工程是不是违约？

答案是肯定的。尽管发生台风不是施工单位的过错，但是由于这个施工单位没能够按照合同的约定按时交付工程，即客观上存在违约的事实，即构成违约。但由于这个违约行为是由不可抗力所导致，施工单位可以申请免除责任或者部分免除责任。免除其违约责任也不意味着它没有违约，因为只有先确定为违约，确定为应该承担违约责任，才能谈违约责任的免除问题。

2.违约责任的一般承担方式

当事人一方不履行合同义务或者履行合同义务不符合约定的，应当承担继续履行、采取补救措施或者赔偿损失等违约责任。

3.违约金与定金

（1）违约金。违约金是指当事人在合同中或合同订立后约定因一方违约而应向另一方支付一定数额的金钱。违约金可分为约定违约金和法定违约金。

　　当事人可以约定一方违约应当根据违约情况向对方支付一定数额的违约金，也可以约定因违约产生的损失赔偿额的计算方法。约定的违约金低于造成的损失的，当事人可以请求人民法院或者仲裁机构予以增加；约定的违约金过分高于造成的损失的，当事人可以请求人民法院或者仲裁机构予以适当减少；当事人迟延履行约定违约金的，违约方支付违约金后，还应当履行债务。

　　（2）定金。定金是合同当事人一方预先支付给对方的款项，其目的在于担保合同债权的实现。定金是债权担保的一种形式，定金之债是从债务。因此，合同当事人对定金的约定是一种从属于被担保债权所依附合同的从合同。

　　当事人可以依照《中华人民共和国担保法》约定一方向对方给付定金作为债权的担保。债务人履行债务后，定金应当抵作价款或者收回。给付定金的一方不履行约定的债务的无权要求返还定金；收受定金的一方不履行约定的债务的，应当双倍返还定金。

　　（3）违约金与定金的选择。当事人既约定违约金，又约定定金的，一方违约时，对方可以选择适用违约金或者定金条款。

第八章 园林绿化施工与管理

本章主要对园林绿化施工与管理进行讲述。

第一节 园林绿化种植工程基础

一、树木种植施工原则

种植施工原则及树木栽植成活原理见表 8-1。

表 8-1 种植施工原则及树木栽植成活原理

项目	内容
种植施工原则	（1）必须符合规划设计要求。为了充分实现设计者所预想的美好意图，施工者必须熟悉图纸，理解设计意图与要求，并严格遵照设计图纸进行施工。如果施工人员发现设计图纸与现场实际不符，则应及时向设计人员反映；如需变更设计，则必须求得设计部门的同意，绝对不可自行其是。 （2）种植技术必须符合树木的生活习性。不同树种除有树木共同的生理特性外，还有本身的特性，施工人员必须了解其共性与特性，并采取相应的技术措施，这样才能保证种植成活和种植工程的圆满完成。 （3）抓紧最适宜的种植季节施工。 （4）严格执行种植工程的技术规范和操作规程
树木栽植成活原理	正常生长的树木，其根系与土壤密切结合，地下部分与地上部分的生理代谢（如水分的吸收与蒸腾）处于相对平衡。但由于挖掘而砍断了很大部分的根系，使吸收根大部分损失，地上部分与地下部分代谢的相对平衡遭受突然的破坏，而根系的再生以及地上部分与地下部分新的平衡的建立，都需要相当长的一段时间。如何使移栽的树木与新环境迅速建立正常关系，及时恢复树体以水分代谢为主的代谢平衡，是栽植成活的关键。这种新平衡建立的快慢，与树种的习性、年龄、栽植技术、气候状况以及与影响生根和蒸腾为主的外界因子都有密切关系

续表

项目	内容
树木栽植成活原理	树木的年龄对栽植成活率有很大影响。幼苗植株小，起掘过程根系损伤率低，地上部分体积小，水分蒸腾量不大，而植株营养生长旺盛，再生力强，容易恢复水分平衡，栽植成活率容易提高。但幼树植株小，容易受到损伤，植后维护较难，且树体小，短期内不能发挥绿化效果。壮龄树的树体高大，移植成活后很快就能发挥绿化效果。但壮龄树的树体庞大，崛起时根系损伤大，吸收根保留少，地上部分枝叶多，耗水量大，水分平衡不易恢复，若进行大强度修剪枝叶减少蒸腾作用的水分损耗，又使树形严重破坏，且壮龄树营养生长已逐渐衰退，恢复到最佳的可观赏树冠所需的时间较长。 此外，规格过大的移植操作困难，施工技术复杂，会大大增加工程的造价。因此，除了一些有特殊要求的绿化工程外，一般不宜选用过多壮龄树，应多选用胸径 3 cm 以上的幼年、青年期的大规格苗木。实践证明，影响栽植成活的主要因素因树种、地区气候等环境条件的不同而异

二、树木移栽定植时期

树木移栽定植时期见表 8-2。

表 8-2　树木移栽定植时期

项目	内容
春季栽植	春季是主要的植树季节。树木对温度上升具有敏感性，而且地下部分的根系比地上部分的枝叶敏感性更强，即根系活动比地上部分早，春植符合树木先长根系后发枝叶的物候顺序，有利于水分代谢的平衡。具肉质根的树木，如山茱萸、木兰属、鹅掌楸等，以春栽为好。进行春植还应预先根据树种春季萌芽的早晚和栽植地小环境的不同做好先后的安排。一般规律是早萌芽的树种先种植，迟萌芽的树种后种植，如松、竹类宜早；落叶树种在芽萌动前栽完；常绿树种可稍晚，但也不宜在萌动后栽植
雨季栽植	春旱地区土壤水分严重不足，蒸发量又大，不是适宜的栽植季节，而以雨季栽植为宜，雨季栽植必须掌握恰当的时机，以连阴雨天气为佳。在我国华南春旱地区，雨季往往在高温月份，阴晴相间，短期下雨间有短期高温强光的日子，极易使新栽的树木水分代谢失调，因而必须掌握当地降雨规律和当年降雨情况，抓住稍纵即逝的连续阴雨时机及时组织栽植。 连续多天下雨后，土壤水分过多，通气不良，栽植作业使土壤泥泞，不利于新根恢复生长，并易引起根系腐烂，尤以土质黏重为甚，应待雨停后 2~3 d 再栽植
秋季栽植	秋季气温比土温下降快，叶片已呈老熟状态，蒸腾量较低，树体储藏的有机营养较丰富，在土层水分状态较稳定的地区，通常在越冬前根系有一个小的生长高峰。这些条件都有利于栽植初期的水分平衡和根系生长与吸收的恢复，故在秋季没有严重干旱的地区可进行秋植。秋栽后根系在土温尚暖和的条件下，还能继续生长，翌春根系活动较早，成活率较高。江南栽竹有在秋季 9~10 月进行的，成活的竹翌春就能发生少量的笋

项目	内容
冬季栽植	我国华南地区只要冬季没有严重的干旱，冬季植树也可收到很好的效果。以广州为例，气温最低的1月，多年平均气温为13.3 ℃，没有气候学上的冬季，故从1月起就可种植樟树、松等常绿深根性树种，2月即全面开展植树工作。进行预掘处理的常绿树种，由于土球范围内已有较多的吸收根，故一年四季均可栽植。栽植时机则取决于树体状态，最好在营养生长的停滞期（两次生长高峰之间）进行，此时地上部分生长暂时停止，而根系正在较快生长，栽植后容易恢复

三、苗木选择与施工

（1）起苗方法及适用树种见表8-3。

表8-3　起苗方法及适用树种

项目		内容
其苗前的准备工作		（1）选择苗木质量的好坏是影响成活的重要因素之一，为提高栽植成活率和日后的景观效果，移植前必须对苗木进行严格的选择。选苗时，除根据设计提出的苗木规格、树形等特殊要求外，还要注意选择根系发达、生长健壮、无病虫害、无机械损伤和树形端正的苗木，并用系绳、挂牌等方式做出明显的标记，以免捆错。同时应另选出一定株数的苗木备用。 （2）如果苗木生长地的土壤过于干燥，应提前数天灌水；反之，若土壤过湿，则应设法排水，以利于起掘时的操作。 （3）对于侧枝低矮的常绿树（如雪松、南洋杉等）和冠丛庞大的灌木，特别是带刺的灌木（如花椒、玫瑰等），为方便操作，应先用草绳将其树冠捆拢，但应注意松紧适度，不要损伤枝条。拢冠的作业也可与选苗结合进行。 （4）准备好锋利的起掘苗木的工具，带土球掘苗，要准备好合适的蒲包、草绳、塑料布等包装材料。 （5）为保证苗木根系规格符合要求，特别是对一些在情况不明之地生长的苗木，在正式起苗前，应选数株进行试掘，以便发现问题，采取相应措施。掘苗的根系规格，裸根落叶灌木，根幅直径可按苗高的1/3左右起挖；带土球移植的常绿树，土球直径可按苗木胸径的6~10倍起挖
起苗方法及适用树种	裸根起苗	适用于处于休眠状态的落叶乔木、灌木和藤本树种。此法操作简便，节省人力、运输及包装材料。但由于裸根起苗会损伤大量的须根，掘起后至栽植前，根部裸露容易失水干枯，根系恢复时间较长

续表

项目	内容
起苗方法及适用树种 带土球起苗	带土球苗有两种。一种是营养袋苗（容器苗），这类苗木从播种或扦插开始就在营养袋中，由于苗木根系全部在营养袋中，将苗木连同营养袋起出可保存完整的根系，只要运输和栽植过程不碰碎土球，成活率一般都很高，因此小苗栽植，甚至部分大苗也用营养袋苗。营养袋较大或育苗的营养土过于疏松的，起苗后需用绳子进行捆扎。另一种带土球起苗是将苗木的一定根系范围连土掘削成球状，用蒲包、塑料薄膜、草席包或其他软材料包装起出。由于土球范围内的须根未受损伤，并带有部分原有适合生长的土壤，移植过程水分不易损失，对成活和恢复生长有利。但带土球起苗操作较麻烦，费工多，逐株包扎耗用包装材料多，土球笨重，增加运输负担，所耗的费用大大高于裸根苗，所以凡用裸根苗栽植能够成活的，一般都不带土球起苗。但由于带土球苗移植的成活率较高，目前移植常绿树、生长季节移植落叶树、竹类等大多用此法起苗

（2）裸根移植及带土球苗的手工起苗法见表8-4、表8-5。

表8-4　裸根移植起苗法

项目	内容
裸根移植	裸根移植的手工起苗法及质量要求。使用锋利的起苗工具，沿苗行方向，于规定的根系规格范围（为胸径的6~10倍）以外的适当之处，先挖一条沟，在沟壁下侧挖出斜槽，根据根系要求的深度切断底根，再切断侧根，遇粗根时最好用手锯锯断，即可取出苗木。总之，起苗时切不可硬拔苗木，一定要保护大根不劈裂，并尽量多保留须根。此外，掘出的土壤宜于掘苗后原土回填坑穴。苗木挖完后应随即装车运走。如一时不能运走可在原地埋土假植，用湿土将根掩埋。如假植时间长，还须根据土壤的干燥程度，适量灌水，以保持土壤的湿度
带土球苗	（1）挖掘带土球苗木，总的要求是土球大小要符合规格，保证土球完好，外表平整光滑，上部大而下部略小，形似苹果；包装严密，草绳紧实不松脱，土球底部要封严不漏土。 （2）挖掘时按土球规格大小，以树干为中心，画一个正圆圈，为保证起出的土球符合规定大小，正圆圈一般应比规定的稍大。 （3）画定圆圈后，先将圆圈内的表土挖去一层，厚度以不伤表层的根群为宜。 （4）沿所画圆圈外围向下垂直挖掘，沟宽以便于操作为准，约宽50 cm，沟的上下宽度要基本一致。随挖随修整土球表面，操作时千万不可踩、撞土球侧沿，以免伤损土球。一直挖掘到规定的深度。 （5）土球四周修整好以后，再慢慢地由底圈向内掏挖泥土，称为"掏底"。直径小于50 cm的土球，可以直接将底土掏空，以便将土球抱到坑外包装；而直径大于50 cm的土球，则应将底土中心保留一部分支持土球，以便在坑内进行包装。 （6）打包之前先将缠绕、捆包的草绳用水浸湿，以增强包装材料的韧性，避免捆扎时引起脆裂和拉断。

项目	内容
带土球苗	此外，凡在坑内打包土球的，还要在捆好腰绳后，轻轻将苗木推倒，用蒲包、草绳将土球底部包严捆好，称为"封底"。其方法是：先在坑的一边（计划推倒的方向）挖一条小沟，并系紧封底草绳，用蒲包插入草绳，将土球底部露土之处盖严，然后将苗株朝挖沟方向推倒，用封底草绳与对面的纵向草绳交错捆扎牢固即可。 土壤过干则易松散，难以保证土球成形，此时可以边掘土球边横向捆紧草绳，称为"打内腰绳"，然后再在内腰绳之外打包。 （7）土球封底后，应该立即出坑待运，并随即将起苗坑填平。如土质较硬不易散坨，也可不用蒲包

表 8-5　带土球苗打包方法

项目	内容
土球直径在50 cm 以下	土球直径在 50 cm 以下者，可采用坑外打包法，先将一个大小合适的蒲包浸湿摆在坑边，双手抱出土球，轻放于蒲包正中，然后用湿草绳以树干基部为起点纵向捆绕，将土球连同蒲包包装捆紧。土质松散以及规格较大的土球，采用坑内打包法。其方法是：将两个大小合适的湿蒲包从一边剪开直至蒲包底部中心，用其一兜底，另一盖顶，两个蒲包接合处捆几道草绳使蒲包固定，然后用草绳纵向捆扎。纵向捆扎法：先用浸湿的草绳在树干基部系紧并缠绕几圈固定，然后沿土球与垂直方向稍斜角（约 30°）捆扎，随拉随用事先准备好的木槌、砖石块敲打，边拉边敲打草绳，使草绳稍嵌入土，捆扎更加牢固。每道草绳间相隔 8 cm 左右，直至把整个土球捆完
土球直径小于40 cm	土球直径小于 40 cm 者，用一道草绳捆一遍，称为"单股单轴"；土球较大者，用一道草绳沿同一方向捆两遍，称为"单股双轴"；土球较大者，可采用"双股双轴"方式捆扎。纵向草绳捆完后，在树干基部收尾捆牢
土球直径超过50 cm	直径超过 50 cm 的土球，纵向系绳收尾后，为保护土球，还要在土球中部捆横向草绳，称为"系腰绳"。其方法是：用一根草绳在土球中部，紧密横绕几道，然后再上下用草绳呈斜向将纵、横向草绳串联系结起来，以免使腰绳滑脱

（3）运苗与假植操作内容见表 8-6。

表 8-6 运苗与假植

项目	内容
装车前检验	装车前检验运苗，须仔细核对苗木的种类与品种、规格、质量等
裸根苗运装	（1）装运乔木时，应树根朝前，枝干向后，按顺序摆放。 （2）车厢应铺垫草袋、蒲包等物，以防碰伤树根和树皮。 （3）树冠不得拖地，必要时要用绳子围拢吊起，枝干捆绳子部位先用蒲包包裹保护，以免勒伤树皮。 （4）装车不要超高，树苗不要挤压太紧。 （5）装车完毕后，用帆布将树根盖严、捆好，以减少树根失水
带土球苗运装	（1）2m以下的苗木可竖立装运；2m以上的苗木必须斜放或平放，土球朝前，枝干向后，并用木架将树冠架稳。 （2）土球直径大于20cm的苗木只能装一层，小土球可以摆放2~3层。土球之间必须摆放紧密，以防摇晃。 （3）土球上面不准站人或放置重物
运输	运输途中押运人员要和司机配合好，经常检查帆布是否被掀起。短途运苗，中途不要休息。长途运苗，必要时应洒水淋湿树根，休息时应选择阴凉处停车，防止风吹日晒
卸车	卸车时要爱护苗木，轻拿轻放。裸根苗要按顺序拿放，不得乱抽，更不能整车推下。带土球苗卸车时，不得提拉树干，而应双手抱土球轻轻放下。较大的土球卸车时，可用一块结实的长木板，从车厢斜放至地上，将土球推倒在木板上，顺势慢慢滑下，绝不可滚动土球
假植	（1）裸根苗的假植应选择排水良好、背风雨、阴凉且不影响施工的地方，短期假植可将苗木在假植沟中成束排列；长期假植可将苗木单株排列，然后把苗木的根系和茎的基部用湿润的土壤覆盖、踩紧，使根系和土壤紧接。若土壤干燥，假植后应适量灌水，但切勿过量，既可保证根系潮湿，又不会使土壤过于泥泞，以免影响根系呼吸作用和以后操作。 （2）带土球的假植苗木运到工地以后，如1~2d内不能栽完，应选择不影响施工的地方，将苗木竖立排放整齐，四周培土，树冠之间用草绳围拢；若需较长时间，土球间隙也应填土。苗木假植期间，可根据气候等环境条件，给常绿苗木的叶面适当喷水

（4）移栽树木的修剪见表8-7。

表 8-7 移栽树木的修剪

项目	内容
修剪的作用	（1）修剪可保持水分代谢的平衡。树木移植时，不可避免地要损伤部分根系，为使新植苗木能迅速成活和恢复生长，必须对地上部分进行适当的修剪，剪去部分枝叶，以减少水分蒸腾，保持地上部分和地下部分的水分代谢平衡。 （2）修剪可培养树形。移栽时结合修剪，可使树木长成预想的形态，以符合设计要求。 （3）修剪可减少伤害。修剪可剪除带病虫的枝条，减少病虫危害；修剪疏除一些枝条可以减轻树冠重量，防止植株倒伏
修剪的原则和修建的方法	（1）乔木的修剪凡具有明显中央领导枝的树种，如尖叶杜英、木棉等应尽量保护或保持中央领导枝的优势。主干不明显的树种，如榕树、红花羊蹄甲等应选择比较直立的枝条代替领导枝直立生长，但必须通过修剪控制与直立枝竞争的侧生枝，并合理确定分枝高度，一般第一条侧枝至地面的距离要求 3 m 以上。 （2）灌木的修剪对灌木进行短截修剪，树冠一般应保持内高外低，呈半圆形。对灌木进行疏枝修剪，应外密内稀，以利通风透光。对根蘖发达的丛生树种的修剪，应多疏剪老枝，使其不断更新，旺盛生长
修剪的要求	（1）高大乔木应于栽植前修剪，小苗、灌木可于栽后修剪。 （2）落叶乔木疏枝时剪口应与基枝平齐，不留残桩；丛生滥木疏枝应与地面平齐。 （3）短截枝条，剪口应选择在叶芽上方 0.3~0.5 cm 处，并稍斜向背芽的一面。 （4）修剪时应先将枯枝、病虫枝、树皮劈裂枝剪去。对过长的徒长枝应加以控制。较大的剪口、锯口处，应涂抹防腐剂。 （5）使用枝剪时，必须注意上下剪口垂直用力，切忌左右扭动剪刀，以免损伤剪口。粗大枝条最好用手锯锯断，然后再修平锯口

第二节　种植工程施工的概述

一、种植工程概述

种植工程概况见表 8-8。

表 8-8 种植工程概况

项目	内容
工程范围和工程量	包括每个工程项目的范围、树林、草坪、花坛的数量和质量要求，以及相应的园林设施工程任务，如土方、给水排水、道路、灯、椅、山石等
工程施工期限	包括全部工程的开始和竣工日期，即工程的总进度，以及各个单项工程的进度或要求、各种苗木栽植完成的日期。特别应当指出的是，种植工程的进度必须以不同树种的最适栽植时期为前提，其他工作应围绕其进行

续表

项目	内容
工程投资	包括工程主管部门批准的投资数和设计预算的定额依据，以备制定施工预算
设计意图	即由设计人员所预想的绿化目的，绿化工程完成后要达到的效果
施工现场的地上与地下情况	向有关部门了解地上物的处理要求、地下管线的分布情况、设计部门与管线主管部门的配合情况等。特别要了解地下电缆的分布与走向，以免发生事故
定点、放线的依据	了解测定标高的水准基点和测定平面位置的导线点，并以此作为定点、放线的依据，如果不具备上述条件，则须和设计单位研究，确定一些固定的地上物作为定点、放线的依据
工程材料的来源	各项施工材料的来源渠道，其中最主要的是树苗的出园地点时间，以及其质量、规格要求
机械和运输条件	主要了解有关部门所能提供的机械、运输车辆的供应条件

二、编制施工组织设计

种植工程施工组织设计的编制见表 8-9。

表 8-9　种植工程施工组织设计的编制

项目	内容
施工组织	指挥部以及其下设的职能部门，如负责生产指挥、技术指挥、劳动工资、后勤供应、政工、安全、质量检验等的部门
确定施工程序并安排具体的进度计划	一般程序是：整理地形→安装给排水管线→修建园林建筑→铺设道路、广场→种植树木→铺栽草坪→布置花坛应在铺设道路、广场以前将大树栽好，以免损伤路面
安排劳动计划	根据工程任务量和劳动定额，计算出每道工序所需用的劳力和总劳力。根据劳力计划，确定劳力的来源和使用时间，以及具体的劳动组织形式
安排材料、工具供应计划	根据工程进度的需要，提出苗木、工具、材料的供应计划，包括用量、规格、型号、使用进度等
机械运输计划	根据工程需要提出所需用的机械、车辆，要说明所需机械、车辆的型号、日用台数、班数及具体日期
制定技术措施和要求	按照工程任务的具体要求和现场情况，制定具体的技术措施和质量、安全要求等
绘制平面图	对于比较复杂的工程，必要时还应在编制施工组织设计的同时，测绘施工组织设计现场平面图，图上需标明测量基点、临时工棚、苗木假植点、水源及交通路线等
制定施工预算	以设计预算为主要依据，根据实际工程情况、质量要求和当时市场价格，编制合理的施工预算，作为工程投资的依据
技术培训	开工前应对参加施工的全体劳动人员所具备的技术操作能力进行分析，确定传授施工技术和操作规程的方法，认真搞好技术培训

三、施工现场的准备

种植工程施工现场的准备见表8-10。

表 8–10　种植工程施工现场的准备

项目	内容
施工前准备工作	（1）勘察施工现场的土质情况以便确定是否更换土壤，估算运土量及运土来源。 （2）勘察交通状况现场内外是否利于机械车辆出入通行；如果交通不便，还要考虑如何开通交通路线。 （3）勘察水源、电源情况。 （4）勘察各种地上物情况，如房屋、树木、农田设施、市政设施等，办理拆迁手续并确定处理方法。 （5）安排施工期间必需的生活设施，如食堂、宿舍、厕所等
对障碍物的清理	清理障碍物是开工前必要的准备工作。对拆迁项目，事先应调查清楚，做出恰当的处理，然后即可按照设计图纸进行地形整理。一般城市街道绿化的地形要比公园的简单一些，主要是与四周的道路、广场的标高合理衔接，使行道树带内排水畅通。如果是采用机械整理地形，还必须搞清是否有地下管线，以免机械施工时损毁管线而造成事故，进而带来巨大损失

四、种植工程施工

（1）种植工程中的定点、放线见表8-11。

表 8–11　种植工程中的定点、放线

项目	内容
行道树的定点、放线	道路两侧呈行列式栽植的树木称为行道树。行道树一般要求栽植位置准确，株行距相等。在已有道路旁定点，以路牙为依据，然后用皮尺、钢尺或测绳定出行位，再按设计定株距，用白灰点标出单株位置。由于道路绿化与市政、交通、沿途单位、居民等关系密切，植树位置的确定除和规划设计部门的配合协商外，在定点后还应由设计人员验点
公园绿地的定点、放线	在公园绿地中，树木常用的自然式配植方式有两种。一种是孤植，多在设计图上标有单株的位置；另一种是群植，图上只标明范围，而未标明株位，其定点、放线方法有以下3种： （1）平板仪定点。适用于范围较大、测量基点准确的绿地。依据基点，将单株位置及片植的范围线，按设计图纸依次定出。 （2）网格法定点。适用于范围大且地势平坦的绿地。按比例在设计图上和现场分别划出等距离的方格（一般常采用20m×20m），然后按照设计图上的树位与方格的关系用皮尺定位。 （3）交会法定点。适用于范围较小、现场内建筑物或其他标记与设计图相符的绿地。以建筑物的两个特征点为依据，按设计的植株与两点的距离相交定出植树位置

| 目测定点时的注意问题 | （1）树种、数量要符合设计图。
（2）树丛内如有两个以上树种，应注意树种的层次，宜中心高边缘低或呈由高渐低倾斜的林冠线。
（3）布局注意自然，避免呆板，不宜用机械的几何图形或直线 |

（2）挖种植穴的方法及要点见表8-12。

表8-12　挖种植穴的方法及要点

项目	内容
挖穴的方法	（1）手工操作。主要工具有锄或锹、十字镐等。具体操作方法：以定点标记为圆心，以规定的穴径（直径）先在地上画圆，沿圆的四周向下垂直挖捆到规定的深度，然后将穴底挖松、弄平。栽植露根苗木的穴底，挖松后最好在中央堆个小土丘，以利于树根舒展。植穴挖妥后，将定点用的木桩仍放在植穴内，以备植苗时核对。 （2）机械操作。用挖穴机挖穴。操作时轴心一定要对准定点位置，挖至规定深度，整平坑底，必要时可加以人工辅助修整
挖穴要点	（1）位置要准确。 （2）规格要符合要求。 （3）挖出的表土与底土应分开堆放于植穴旁边。因表层土壤有机质含量较高，植树填土时，表层土壤应填于植穴下部，底土填于上部，以及用作培树盘土墩。 （4）在斜坡上挖穴应先将斜坡整成一个小平台，然后在平台上挖穴。植穴的深度以坡的下沿处计算。
挖穴要点	（5）在新填土方处挖穴，应将植穴底部适当踩实。 （6）在土质不好的地方植树时，应加大植穴的规格，并将杂物筛出清走，遇石灰渣、炉渣、沥青、混凝土等对树木生长不利的物质时，应将植穴直径加大1~2倍，并将有害物清运干净，换填好土。 （7）若发现电缆、管道等，应停止操作，及时找有关部门配合解决。 （8）在绿地内挖自然式树木栽植穴时，如果发现有严重影响操作的地下障碍物，应与设计人员协商，适当改动位置，而行列式栽植的树木一般不再移位。 （9）若栽植株距很近，如绿篱，可以采用挖沟槽种植

（3）种植工程中植物的栽植见表8-13。

表8-13　种植工程中植物的栽植

项目	内容
配苗	（1）要爱护苗木，轻拿轻放，不得损伤树根、树皮、枝干和土球。 （2）配苗速度应与栽植速度相适应，边配边栽，尽量减少根系裸露的时间。 （3）假植沟内剩余的苗木露出的根系，应随时用土填埋。 （4）用作行道树、绿篱的苗木应事先量好高度，将苗木进一步分级，然后配苗，以保证邻近苗木规格大体一致。 （5）栽植常绿树应把树形最好的一面作为主要的观赏面。 （6）对有特殊要求的苗木，应按规定对号入座，避免错植、重植。配苗后要及时按设计图纸详细核对，发现错误应立即纠正，以保证植树位置的正确

项目		内容
栽植	栽植的操作方法	（1）裸根乔木的栽植法。一人将树苗放入穴中扶直，另一人用穴边好的表土填入，填至一半时，将苗木轻轻提起，使根茎部位与地表相平，使根自然地向下呈舒展状态，然后用脚踏实土壤，或用木棒夯实，继续填土，直到比穴边稍高一些，再用力踏实或夯实。最后用土在坑的外缘围好灌水堰。 （2）带土球苗的栽植法。栽植土球苗，须先量好植穴的深度与土球高度是否一致，如有差别应及时挖深或填土，绝不可盲目放入植穴，造成来回搬动土球。土球入穴后应先在土球底部四周垫少量土，将土球固定，注意使树干直立，然后将包装材料剪开，并尽量取出（易腐烂的包装物可以不取出）。随即填入表土至穴的一半，用木棍于穴四周夯实，再继续用土填清穴并夯实，注意夯实时不要砸碎土球，最后开堰
	栽植注意事项	（1）平面位置和高度必须符合设计要求。 （2）树身上下应垂直，如果树干有弯曲，其弯向应朝当地主风向。 （3）栽植深度：裸根乔木苗，应较根茎深5~10 cm；带土球苗木比土球顶部深2~3 cm。 （4）行列式植树应事先栽好"标杆树"。其方法是：每隔20株左右，用皮尺量好位置，先栽好1株，然后以这些标杆树为瞄准依据，进行定植。行列式栽植必须保证横平竖直，左右相差最多不超过1/2树干直径。 （5）灌水堰筑完后，将捆拢树冠的草绳解开取下，使枝条舒展

（4）栽植后的养护管理见表8-14。

表8-14 栽植后的养护管理

项目	内容
设立支柱	较大苗木为了预防被风吹倒，应设立支柱支撑，多风地区尤其要注意。沿海多台风地区，往往需要埋水泥预制柱，以固定高大乔木。 （1）单支柱。用木棍或竹竿斜立于下风方向，深埋入土30 cm。支柱与树干之间用草绳捆扎后再将两者捆紧。 （2）双支柱。用两根木棍在树干两侧，垂直钉入土中作为支柱，支柱顶部捆一横档，先用草绳将树干与横档隔开以防擦伤树皮，然后用绳将树干与横档捆紧
灌水	（1）开堰。苗木栽好后，先用土在原树坑的外缘培起高约15 cm的圆形地堰，并用铁锹等将土拍打牢固，以防漏水。栽植密度较大的树丛，可成片开堰。 （2）灌水。苗木栽好后，必须立即灌水，水要浇透，使土壤充分吸收水分，土壤与根系紧密结合，促进植株成活。灌水次数和灌水量因地区、季节、气候不同而异，要灵活掌握

续表

项目	内容
扶直封堰	（1）扶直。浇水后的次日，应检查树苗是否有倒伏现象，发现后应及时扶直，并用细土将堰内缝隙填严，将苗木固定好。 （2）中耕。水分渗透后，用小锄或铁耙等工具，将土堰内的土表锄松，称为"中耕"。中耕可以切断土壤的毛细管，减少水分蒸发，有利于保墒。 （3）封堰。浇第三遍水并待水分渗入后，用细土将灌水堰内填平，使封堰土堆稍高于地面。土中如果含有砖石杂质等物，应挑拣出来，以免影响下次开堰
其他养护管理	（1）对受损伤枝条和栽植前修剪不理想的枝条，应再次进行修剪。 （2）对绿篱进行造型修剪。 （3）开展查病、查虫工作，防治病虫害。 （4）进行巡查、围护、看管，防止人为破坏。 （5）清理场地，做到工完地净，文明施工

五、非适宜季节的栽植

（1）常绿针叶树的移植见表 8-15。

表 8-15　常绿针叶树的移植

项目	内容
移植条件	（1）先于适宜移植的季节（一般在春季）将树苗带土球起掘好，提前运到工地的假植地区，装入大于土球的筐内，直径超过 1m，规格过大的土球则应装入木桶或木箱。其四周培土固定，待有条件施工时立即定植。 （2）如事先没有起苗装筐准备，可配合其他减少蒸腾的措施，直接起苗移栽。但如果移植时树木正处在新梢旺盛生长期，则不宜移植
注意事项	采用直接起苗移植时，应事先做好一切必要的准备工作，以利于随起、随运、随栽，使环环紧扣，以缩短施工期限。栽后应及时多次灌水，并经常进行叶面喷水，有条件的地方，最好能采取遮阴防晒的措施。入冬前，还要采取一些防寒措施，方可保证成活

（2）落叶树的移植见表 8-16。

表 8-16　落叶树的移植

项目	内容
预掘	于树木休眠期间，预先将苗木带土球捆好，土球规格可参照同等干径粗度的常绿树，或稍大一些。草绳、蒲包等包装物应适当加密加厚
做假土球	只能选用苗圃已在秋季裸根崛起的苗木时，应人工另造土球，称为"做假土球"或"做假坨"。其方法是：在地上挖一圆形穴，将事先准备好的蒲包平铺于穴内。然后将植株根部放置于蒲包上并使根舒展，填入细土分层夯实但不砸伤根，直至与地面齐平，即可做成椭圆形土球。用草绳在树干基部封口，然后将假坨挖出，捆草绳打包

装筐	筐可用紫穗槐条、荆条或竹丝编成，筐的径股要密，紧靠，大小较土球直径和高各多 20~30 cm，装筐时先在筐底垫土，然后将土球放于筐的正中，周围填土夯实，直至距筐沿 10 cm 止，沿边培土拍实，作为灌水之堰。大规格苗木最好装木箱或木桶
假植	假植地点应选择在地势高燥、排水良好、水源充足、交通便利、距施工现场较近又不影响施工的地方。 选好地后，先按树种、品种、规格做出假植分区。区内株距以当年生新枝互不接触为最低限度。挖假植穴的深度为筐高的 1/3，宽度以能放入筐为准。放入筐后填土至筐的 1/2 左右处拍实，最后在筐沿培好灌水堰
假植期间的养护管理	（1）灌水。培土后应连灌 3 次透水，以后根据情况经常灌水，原则是既能保证苗木生长正常，又需控制水量，避免生长过旺。 （2）修剪。为保证树势均衡，除装筐时进行稍重于适合栽植期的修剪外，假植期间还应经常修剪，以疏枝为主，严格控制徒长枝，及时去除萌蘗。入秋以后则应经常摘心，使枝条充实。 （3）排水防涝。雨季前应事先挖好排水沟，随时注意排除积水。 （4）病虫防治。假植期间苗木长势较弱，抵抗病虫的能力较差，加之株行更小，通风透光条件较差，容易发生病虫害，应及时防治。 （5）施肥。为使假植期间的苗木能正常生长，应施用少量的速效氮肥（如硫酸铵、尿素、碳铵等），可根施也可叶面喷施。 （6）装运栽植。一旦施工现场具备种植施工条件，则应及时定植。方法与正常植树相同，应抓紧时间，环环紧扣，以利成活。 具体操作应于栽植前天将培土扒开，并停止浇水，风干土球表面使之坚固以利吊装。若筐面筐底已腐烂，可用草绳捆扎加固。吊装时在捆吊粗绳的地方加垫木板，以防粗绳勒入土球过深造成散坨。栽植时连筐入坑底，凡能取出的包装物尽量取出，及时填土夯实并灌水。此后还要多次灌水，酌情施肥，加强养护管理。有条件的还应适当遮阴，以利于其迅速恢复生长，及早发挥绿化效果

第三节　绿化施工技术

一、大树移植

（1）大树移植的方法见表 8-17。

表 8-17　大树移植的方法

项目	内容
断根缩坨	断根缩坨也称"回根法"，具体做法是根据树种习性和生长状况判断成活难易，分 1~3 年在树的四面开沟断根，断根的季节应在根的生长高峰前。每次只截断全周 1/3~2/3 的根系，断根位置一般以干径 3~4 倍作为半径，向外开一道宽 20~40 cm 的沟，深度视根系深浅而定，一般为 50~70 cm。截断细根，保留较粗的根，在贴近土球边处环剥 10 cm 长度，在切口靠土球一端涂以含有生长素的泥浆（用 10~50 μL/L 的 NAA 或 2，4-D 溶液调泥粉成糊状），随后回填表土，并灌水促使其生长出新根。断根后要立支柱防风，经 1~3 年的断根缩坨后即可起出移栽
扩坨起树	扩坨起树的具体做法是起捆树木时，土球大小应比断根的土球大 10~20 cm，以保留新长出的吸收根。对珍贵或衰弱的树，在修好土球后宜涂抹掺有生长素的泥浆

（2）移植胸径在 10~15 cm 的带土球大树的操作方法见表 8-18。

表 8-18　移植胸径在 10~15 cm 的带土球大树的操作方法

项目	内容
起苗前的准备工作	起苗前的准备工作包括选树和断根缩坨。在选树方面除与一般规格苗木选树相同外，还须特别注意选用生长健壮、无病虫害（特别是无树干病虫害）、有新生枝条、树龄较年轻的大树。树的来源以经多次移植须根发达的植株为最好
起苗	（1）土球规格。挖掘土球的直径，一般是树木胸径（距地面 1.3 m 处）的 6~10 倍。 （2）画圈线。掘苗前以树干为中心，按规定直径的长度在地上画出圆圈，以圆圈线为依据，沿线的外缘挖掘土球。 （3）细苗。沟宽应能容纳一个人操作，一般为 60~80 cm，垂直挖掘至规定的土球高度。 （4）修坨。掘至规定的深度后，用铁锹将土球表面修平，使上大下小。肩部圆滑，呈苹果形。修坨时如遇粗根，要用手锯或枝剪截断，切不可用铁锹硬铲而造成散坨。 （5）收底。自土球肩部向下修坨到一半时，就逐步向内缩小，直至土球底部。土球底的直径一般应为土球上部直径的 1/3 左右

项目	内容
起苗	（6）缠腰绳。捆包土球所用草绳应先浸湿，以免拉断，草干后还能增大收紧强度。土球修好后应及时用草绳将土球腰部系紧，称为"缠腰绳"。其操作方法是：一个人将草绳绕土球腰部拉紧，另一人用木槌或砖头敲打草绳，使草绳收得更紧，略嵌入土球。缠绕腰绳时要使上下圈的草绳靠近，宽度在 20 cm 左右即可。 （7）开底沟。缠好腰绳以后，应在土球底部向内刨挖一圈底沟。宽度为 50~80 cm，以便打包时，草绳兜绕底沿，不易松脱。 （8）修宝盖。缠好腰绳以后，还须将土球顶部表面修整好，称为"修宝盖"。其操作方法是：用铁锹将上表面修整圆滑，注意土球表面近树干中间部分应稍高于四周，逐渐向外倾斜，肩部要修得圆滑，不可有棱角，这样在捆草绳时才能捆得结实，不致松散。 （9）打包。用蒲包、草绳等材料将土球包装起来，称为"打包"。用蒲包或塑料布等将土球表面盖严不留缝隙，用草绳和细麻绳围绕缚扎使蒲包固定。以树干基部为起点，用双股湿草绳拴缚，稍倾斜绕过土球底沿，缠至土球上面近半圆处，经主干基部折回，按顺时针方向呈一定间隔，边绕拉草绳边用木槌等敲打草绳，使其拉得更紧些。每圈都应绕经树干基部，绳间相隔保持 8 cm 左右，土质松散的可密些。捆绑时应将草绳理顺，不可使两根草绳互拧，经土球底沿时也应排匀理顺，稍向内绕以防草绳脱落。纵向草绳捆好后，再在内腰绳稍下部横捆十几道草绳。捆完后，还要用草绳将内外两股腰绳与纵向草绳串联起来绑紧。 （10）封底。打完包后，在计划推倒树的方向，沿土球外沿挖一道弧形沟，然后轻轻将树推倒，这样可使树斜倒而不会碰穴沿损伤树干。用蒲包将土球底部挡严，并另用草绳与土球上的纵向草绳串联系牢。至此，全部起掘树木的工序结束
吊装、运输	（1）准备好符合要求的起重机、卡车。准备好捆吊土球的长粗绳，并检查其牢固性。准备好防止起吊绳索勒坏土球的隔垫木板、蒲包等。先将起吊土球的粗绳对折起来，对折处留 1 m 左右，打牢结、备用。准备若干圈拢树冠的蒲包、草绳、草袋等。 （2）带大土球的植株，一般要用起重机装车，卡车运输。吊装前，用事先打好结的粗绳将两股分开，捆在土球腰下部，与土球接触处垫上木板，然后将粗绳两端扣在吊钩上，轻轻起吊一下。此时树身倾斜，马上用粗绳在树干基部拴成一绳套，扣在吊钩上，即可起吊装车。 （3）装车时必须土球向前，树冠向后，轻轻放在车厢内。用砖头或木块将土球支稳并用粗绳将土球牢牢捆紧于车厢，防止土球摇晃。 （4）树冠较大的植株应修剪，用小绳将树冠轻轻围拢，垫上蒲包等物，防止擦伤枝叶。 （5）运输途中要有专人押运，并与司机配合，以保证行车安全
卸车	（1）苗木运到施工现场后，把有编号的大树对号入座，避免重复搬运损伤树木。 （2）卸车后，如未能立即栽植，应将苗木立直、支稳，不可斜放或平放在地

项目	内容
假植	（1）苗木运到后，如短期内未能栽植则应假植。假植场地要计划好，要求交通方便、水源充足、地势高燥不积水、距施工现场较近，且能容纳全部需假植的树木。 （2）种类和数量较多时，应按树种、规格分别排放假植，便于养护管理和取运。 （3）较大树木假植可双行形成一排，株距以树冠不相接为准，排距6~8 m，以便运输车辆通行。 （4）树木安排好后，在土球下部培土至土球1/3处，并用铁锹拍实。切不可将土球全部埋严，以防包装材料腐朽。必要时应立支柱，防止树身歪倒造成损伤。 （5）加强养护管理，主要是围护看管，防止人为破坏。根据气候情况喷水，晴天每天2~3次，保持土球和叶面潮润。注意防治病虫害，随时检查土球包装材料，发现腐朽损坏及时修整或重新打包。有条件的最好装筐假植
栽植	（1）栽植前应根据设计要求定好位置，测定标高，编好树号，以便栽植准确无误。 （2）植穴的规格应比土球的规格大，一般比土球直径大40 cm左右、深20 cm左右；土质差的更应加大植穴，并更换适于树木生长的土壤。 选用优质、腐熟的有机肥料作为基肥，与土壤搅拌均匀后种植。 （3）吊装入植穴前，要按计划将树冠生长丰满、完好的一面朝向主要观赏方向。在吊起时应尽量保持树身直立。土球的上表面应与地表面标高平或略高，防止栽植过深或过浅，对树木生长不利。 （4）树木入穴放稳后，先用支柱将树身支稳，再拆包填土。填土时尽量将包装材料取出。如发现土球松散，切不可松解腰绳和下部的包装材料，但土球上半部的蒲包、草绳必须解开取出坑外，否则会影响所浇水分的渗入。 （5）树放稳后应分层填土，分层夯实。操作时注意保护土球，以免损伤。 （6）在植穴外缘用细土培筑高30 cm左右的汇水堰，并用铁锹拍实，立即充分浇灌水

二、花坛植物的种植

（1）花坛达到美化效果的要求见表8-19。

表8-19 花坛达到美化效果的要求

项目	内容
设计要兼具艺术性与科学性	设计花坛时，要考虑花坛的形式、大小，与周围环境相协调统一，而且还应留出足够的观赏视距。花坛植物的选择必须符合花卉种类的生长规律，花卉种类、规格、花色等要配置合理
施工保证质量	花坛施工要严格遵照设计图纸要求，图案线条必须清楚，栽花时必须保证质量

项目	内容
养护管理要细致精心	花坛的养护管理工作要非常精心细致。大部分花坛主要是用草花，一般都很娇嫩，因此必须及时浇水、施肥、修剪、除虫，清除残株及枯黄枝叶，还要加强维护看管，才能保证良好的效果和观赏期的延长
后备充足	布置花坛，特别是移苗布置花坛是一项花费人力、物力、财力较多的工作。就花卉来说，要求有充足的花卉材料来源，还要有足够的替换花苗，一旦有死亡或衰败的植株，就须立即更换

（2）平面花坛的种植见表 8-20。

表 8-20　平面花坛的种植

项目	内容
整地	栽培花卉的土壤必须深厚、肥沃、疏松，所以栽植花坛植物之前，一定要先整地。将土壤深翻 40~50 cm，挑出草根、石头及其他杂物。如土质差，则应全都换成好土，同时宜结合施用经充分腐熟的有机肥料作为基肥。 为便于观赏和利于排水，花坛用地应处理成一定的坡度。可根据花坛所在位置，决定坡的形状。若从四面观赏，可处理成尖顶状、台阶状、圆丘状等形式；如果只单面观赏，则可处理成一面坡的形式。花坛的边界可用砖码成齿牙状，也可以用水刷石，以水磨石、天然石块等修砌
定点，放线	（1）图案简单的规划式花坛。根据设计图纸，直接用皮尺量好实际距离，并用灰点、灰线做出明显标记。如果花坛面积较大。可用方格法放线，即在设计图纸上画好方格，按比例相应地放大到地面上。 （2）模纹花坛。图形整齐，图案复杂、线条规则的花坛，称模纹花坛。 一般以五色草为主，再配植一些其他花木，作为布置模纹花坛的材料。 模纹花坛要求图案、线条准确无误，故对放线要求极为严格，可以用较粗的铅丝，按设计图纸的式样编好图案轮廓模型，检查无误后，在花坛地面上轻轻压出清楚的线条痕迹。此外，放线要考虑先后顺序，避免踩乱已放好的线条
栽植	（1）栽植顺序。单个的独立花坛，应由中心向外进行混栽。一面坡式的花坛，应由上向下栽。高低不同品种的花苗混栽者，应先栽高的，后栽低矮的。宿根、球根花卉与一、二生草花混栽者，应先栽宿根花卉，后栽一、二年草生花。模纹式花坛，应先栽好图案的各条轮廓线，然后再栽内部填充部分。大型花坛，可分区、分块栽植。 （2）栽植距离。花苗的栽植间距要以植株的高低、分蘖的多少、冠丛的大小而定，以栽后不露出地面为原则；也就是说，其距离以相邻的两株花苗冠丛半径之和来决定。当然，栽植尚未长成的小苗时，应留出适当的空间。模纹式花坛，植株间距应适当小些。规则式的花坛，花卉植株间最好错开栽成梅花状（或称三角形栽植）排列。 （3）栽植深度。栽植的深度对花苗的生长发育有很大的影响，栽植过深，花苗根系生长不良，甚至会腐烂死亡；栽植过浅，则不耐干旱，而且容易倒伏。一般栽植深度以所埋土刚好与根茎处相齐为最好。球根类花卉的栽植深度应更加严格掌握，一般覆土厚度为球根高度的 1~2 倍。

续表

项目	内容
栽植	（4）栽植注意。栽花前几天，花坛内应充分灌水渗透，待土壤干湿合适后再行栽植。准备栽植的花苗应存放在阴凉处，栽好后及时灌水

（3）立体花坛的种植见表8-21。

表8-21 立体花坛的种植

项目	内容
结构造型	立体花坛，一般应有一个特定的外形。为使外形能较长时间地固定，就必须有紧固的结构。外形结构的制作法是多样的。可以根据花坛设计图，先用砖堆砌出大体相似的外形，外边包泥，并用蒲包将泥土固定；也可先将要制作的形象用木棍做中柱，固定在地上，再用竹条或铅丝编制外形，外边用蒲包垫好，中心填土夯实。所用土壤最好加一些碎稻草，为减少土方对四周的压力可在四周砌砖，间隔放置木板。外形做好后，一定要用蒲包等材料包严，防止漏土
栽植	立体花坛的主体植物材料一般用五色草布置。所栽植的小草由蒲包的缝原中插进去。插入之前，先用铁钎子钻一小孔，插入时注意苗根要舒展。然后用土填严，并用手压实。栽植一般由下部开始，顺序向上栽植。栽植密度应稍大一些，为克服植株（茎的背地性所引起的）向上弯曲生长现象，应及时修剪，并经常整理外形。 花瓶式的瓶口或花篮式的篮口，可以布置一些开放的鲜花；立体花坛基座四周，应布置花草或布置成模纹式花坛。 立体花坛布置好后，每天都应喷水两次。天气炎热、干旱时，应适当增多喷水的次数。所喷之水最好呈雾状，避免冲刷

三、草坪的施工

（1）整地施工见表8-22。

表8-22 整地施工

项目	内容
土壤准备	草坪植物根系分布的深度一般在20~30cm，如果土质良好，草根也可深入1m以上。深厚肥沃的土壤很有利于草坪草的生长。种植草坪的土壤以厚度不小于40cm为宜，并须翻耕疏松。 含有砖石、瓦砾等杂质的土壤，应将杂物挑出，必要时应将30~40cm的表土全部过筛。强酸性、强碱性或受过污染的土壤不利于草坪植物的生长，应客土栽培，即运入沙质壤土代之。土壤过酸要撒施石灰以中和酸性
施基肥	为提高土壤肥力，最好施一些优质有机肥作为基肥。肥料应粉碎，撒匀或与土壤搅拌均匀，撒后翻入土中

续表

项目	内容
喷除草剂	为减少日后除杂的工作、提高草坪的观赏价值,一般在铺设草坪前一个月喷除草剂,清除原有的杂草和种子
整平	完成以上工作后,按设计标高将地面整平,但要保持一定的排水坡度(一般采用0.3%~1.5%的坡度)。场地不可出现坑洼,以免积水。最后用碾子轻轻碾压一遍。体育场草坪对于排水的要求更高,除地表排水(坡度一般可采用0.5%~0.7%)外,还应设置地下排水系统

(2)栽植的方法见表 8-23。

表 8-23　栽植的方法

项目	内容
播种法	利用播种形成草坪,高速公路边坡和高尔夫球场的草坪多用此法,优点是施工投资最小,实生草坪植物生命力强;缺点是易生杂草,养护管理要求较高,形成草坪的时间长,播种时须选草种饱满、发芽率高、不含杂质的新鲜种子,播种前须做发芽率试验,以便确定合理的播种量。一般情况下,结缕草需 14~15 kg/ 亩,为使草籽发芽快、出苗整齐,播种前应进行种子处理。 结缕草用 0.5%NaOH 溶液浸泡 24 h,捞出后用清水冲洗,晾干后即可播种。一般自春季至秋季均可播种,主要根据草种种类、气候决定。冬季不太寒冷地区以早秋播为最好,此时土温较高,根部生长好,有利于越冬。 一般采用撒播法。先在地上做 3 m 宽的条畦,并灌水浸地,水渗透稍干后,用特制的钉耙(耙齿间距 2~3 cm)、纵横耙沟,沟深 0.5 cm,然后将已处理的草籽掺上 2~3 倍的细沙土,均匀地撒播于沟内。最好是先纵向撒一半,再横向撒另一半,然后用竹扫帚轻扫一遍,将草籽尽量扫入沟内,用平耙耙平,最后用重 200~300 kg 的碾子碾压一遍(湿而黏的土不宜碾压)。为使草籽出苗快、生长好,最好在播种时混施一些速效化肥。 播种后应及时喷水,水点要细密、均匀,从上向下慢慢浸透地面,并经常保持土壤潮湿,喷水不间断,表土不干燥,经一个多月便可形成草坪。此外,还必须注意围护防止践踏,否则会使出苗严重不齐

续表

项目	内容
栽植法	栽植法也称种草法，利用草根或草茎（有分节的）直接栽植形成草坪的方法。此法操作方便、费用较低，节省损耗，管理容易，能迅速形成草坪。栽植时间自春季至秋季均可。 （1）草源地的选择。草源地一般是事先建立的草圃，特别是分枝能力不强的草种，草圃可保证草源充足供应。在无专用草圃的情况下，也可选择杂草少、生长良好的草坪作为草源地。草源地的土壤若过于干燥则应先灌水，水渗入深度应在 10 cm 以上。 （2）翻草。掘取草根时应多带一些宿土，捆后及时装车运回。草根堆放要薄，堆在阴凉处或搭棚存放，喷水保持草根潮湿。每平方米草源可以栽种草坪 5~8 m²。 （3）栽草。匍匐性草类其基有分节生根的特点，故根基均可栽植形成草坪。常用点栽和条栽两种方法。点栽比较均匀，形成草坪迅速，但较费人工。栽植时两人为一组，一人负责分草并将杂草挑净，一人负责栽草。用花铲挖穴，深度和直径均为 5~7 cm，株距为 15~20 cm，按梅花形将草根栽入穴内，用细土埋平，用花铲拍紧，顺势抻平地面，碾压后喷水。条栽较节省人力，用草量较少，施工速度快，但草坪形成时间较慢。栽植时先挖宽深各 5~6 cm 的沟，沟间相距 20~25 cm，将草鞭（连根带茎）每 2~3 根一束，前后搭接埋入沟内，埋土盖严，碾压、灌水，此后要及时挑出野草
直接铺设法	（1）铲运草块。将选定的优良草坪，一般切成 30 cm × 30 cm 的方块状，使用薄形平板状的钢质铲，先向下垂直切 3 cm 深，然后再用铲横切。草块厚度约 3 cm，均匀一致，相叠缚扎装运。 （2）草块铺栽。草块运至铺设场地后应立即铺栽。铺前场地应再次拉平，再压平 1~2 次，以免铺后出现不平整或者积水等不良现象。铺栽草块时，块与块之间应留 0.5~1.0 cm 间隙，以防干缩的草块遇水湿后膨胀，造成边缘重叠。块与块之间的除缝：填入细土后碾压，并充分浇水力求湿透，2~3 d 后再碾压，使块与块之间平整。 新铺设的块状草坪，仅碾压一两次不易压平，铺设后应每隔一周浇水碾压一次，直到草坪完全平整。如发现部分草块下沉不平，应掀起草块用土填平后重新铺平。 （3）铺设后的护理。新铺草坪必须加强管护，防止人畜、车辆入内，靠近道路、路口的应设置临时性指示牌，防止和减少人为毁损。新铺的草坪返青后，施一次氨肥，每公顷施尿素 120~150 kg，当年冬季可适当增施堆肥、土等疏松肥料，促进新铺草坪更快平整

结　　语

随着社会的进步，人们的生活水平不断提升。园林绿化工程可以改善城市生态环境，优化城市空气质量，满足人们精神生活需求。为了持续推动园林绿化工程和谐发展，相关单位必须加强对园林绿化工程管理方法和植被养护技术的研究，合理规划，提高花草树木的栽植成活率，进而提高城市园林绿化工程的建设管理水平，凸显其生态效益。

园林设计与园林绿化施工是一项综合性、综合性的工程，不仅涉及工程施工，还涉及艺术设计和后期维护管理。因此，细化的精神应贯穿于整个工程建设过程中，在总体规划、施工准备、施工过程、质量管理、人事管理等方面达到最佳，只有这样，才能做好每一个细节，以确保项目的质量；同时提高艺术景观质量，以最低的成本，使观赏景观项目为城市的整体发展做出贡献，并提高人们的生活质量。

要营建高质量园林绿化工程，营造人性化的园林景观，既要园林工程设计符合自然法则，遵循生态学原则，亦不可使园林绿化施工和养护管理在实施过程中分离。只有让施工和养护有机地结合，贯穿于工程管理的始终，才能建造出高质量的合格园林产品，也才能将设计意图完美体现，达到园林工程建设的目的。

参考文献

[1] 杨至德.园林工程 [M]. 5 版.武汉：华中科技大学出版社，2022.

[2] 马成勋.园林工程技术 [M].合肥：合肥工业大学出版社，2022.

[3] 张文英.风景园林工程 [M]. 2 版.北京：中国农业出版社，2022.

[4] 陶良如，朱彬彬.园林工程施工 [M].北京：北京理工大学出版社，2022.

[5] 陈科东.园林工程施工技术 [M]. 2 版.北京：科学出版社，2022.

[6] 梅歆，武文婷.风景园林物理环境与感受评价 [M].北京：中国建筑工业出版社，2022.

[7] 宋新红，潘天阳，崔素娟.园林景观施工与养护管理 [M].汕头：汕头大学出版社，2022.

[8] 张君艳，黄红艳.园林植物栽培与养护 [M]. 5 版.重庆：重庆大学出版社，2022.

[9] 李本鑫，史春凤，杨杰峰.园林工程施工技术 [M]. 3 版.重庆：重庆大学出版社，2021.

[10] 潘天阳.园林工程施工组织与设计 [M].北京：中国纺织出版社，2021.

[11] 张绿水.园林工程 [M].北京：北京工业大学出版社，2021.

[12] 周小新，陈融，韩廷锦.园林工程设计 [M].长春：吉林科学技术出版社，2021.

[13] 王晓宁，董鹏.园林景观工程质量通病及防治 [M].北京：中国建筑工业出版社，2021.

[14] 祝建华.园林设计技法表现 [M].重庆：重庆大学出版社，2021.

[15] 曹丹丹 . 园林设计与施工手册图解版 [M]. 北京：北京希望电子出版社，2021.

[16] 陈丽，张辛阳 . 风景园林工程 [M]. 武汉：华中科技大学出版社，2020.

[17] 孙海龙 . 园林工程施工 [M]. 哈尔滨：黑龙江科学技术出版社，2020.

[18] 张朝阳，张蕊 . 园林工程招投标及预决算 [M]. 3 版 . 郑州：黄河水利出版社，2020.

[19] 沈毅 . 现代景观园林艺术与建筑工程管理 [M]. 长春：吉林科学技术出版社，2020.

[20] 张学礼 . 园林景观施工技术及团队管理 [M]. 北京：中国纺织出版社，2020.

[21] 张秀省，高祥斌，黄凯 . 风景园林管理与法规 [M]. 2 版 . 重庆：重庆大学出版社，2020.

[22] 陆娟，赖茜 . 景观设计与园林规划 [M]. 延吉：延边大学出版社，2020.

[23] 张志伟，李莎 . 园林景观施工图设计 [M]. 重庆：重庆大学出版社，2020.

[24] 张鹏伟，路洋，戴磊 . 园林景观规划设计 [M]. 长春：吉林科学技术出版社，2020.

[25] 刘洋 . 风景园林规划与设计研究 [M]. 北京：中国原子能出版社，2020.

[26] 李勤，牛波，胡炘 . 宜居园林式城镇规划设计 [M]. 武汉：华中科技大学出版社，2020.

[27] 张正辉 . 园林工程施工技术 [M]. 哈尔滨：东北林业大学出版社，2019.

[28] 邢洪涛，王烁，韩媛 . 园林山石工程设计与施工 [M]. 南京：东南大学出版社，2019.

[29] 高健丽 . 园林工程项目管理 [M]. 北京：中国农业大学出版社，2019.

[30] 谷达华，周玉卿 . 园林工程测量 [M]. 重庆：重庆大学出版社，2019.

[31] 操英南，项玉红，徐一斐 . 园林工程施工管理 [M]. 北京：中国林业出版社，2019.

[32] 潘斌林.园林工程招投标与预决算 [M].天津：天津科学技术出版社，2019.

[33] 刘鑫军，魏洪杰.园林工程施工组织与管理研究 [M].长春：吉林出版集团股份有限公司，2019.

[34] 李瑞冬.风景园林工程设计 [M].北京：中国建筑工业出版社，2019.

[35] 吴戈军.园林工程招投标与合同管理 [M].北京：化学工业出版社，2019.

[36] 夏晔.城市园林工程与景观艺术 [M].延吉：延边大学出版社，2019.

[37] 吴戈军.园林工程材料及其应用 [M].北京：化学工业出版社，2019.

[38] 吴立威，徐卫星.园林工程造价与招投标 [M].北京：中国林业出版社，2019.

[39] 徐旭东.园林工程施工技术及管理研究 [M].咸阳：西北农林科技大学出版社，2019.

[40] 季斌.现代园林工程施工技术研究 [M].咸阳：西北农林科技大学出版社，2019.

[41] 吴小青.园林植物栽培与养护管理 [M].北京：中国建筑工业出版社，2019.